セットベース設計実践ガイド

Preference Set-based Design

石川晴雄・萱野良樹・佐々木直子・福永泰大 共著

森北出版

本書の内容は執筆時点においての情報であり、PSD ソルバー体験版の内容は、予告なく変更、修正、再起動などが発生する場合があります。修正によっては、保存ファイル（保存プロジェクト）が消える可能性がありますので、ご注意ください。

はじめに

さまざまな分野や業種の製品開発・設計部門などの方々に話を聞くと、付加価値の高い新製品の開発や既製品の改良開発において、「開発期間の長期化」という共通した課題があるようである。この原因としては、社内の分業化と人手不足から生じる部署間での意思疎通の悪さ、それを解消するためのすり合わせ会議の頻発、製品がユーザの利便性や社会への影響性も含めた多面的な要素をもつようになってきたことなどが挙げられる。

世の中に存在する製品は、物理、化学、力学、電気・電子などの個別現象に関する分析をもとにした総合の産物である。現象どうしにはトレードオフが生じることが一般的であり、また現象の実現性には一定の限度がある。これらの多数の現象を製品などの「カタチ」にするのが設計である。

製品の開発部門などにおいて分業せざるを得ないのは、製品がその本来の性能の高機能化だけでなく、ユーザーの利便性や社会への影響性も含めた多面的な要素をもつようになってきたことも一因である。こうした状況の中で製品の開発から設計までをスピード感をもって進めなければならなくなっている。

こうした製品の開発・設計内容の多面性を実現していくための手法として、「集合（範囲）」の概念を用いた「選好度付きセットベース設計手法（PSD 手法）」がある。この手法は著者の一人が提案している設計手法で、コンピュータの多大な力に頼らずに、総合としての設計を支援できる。本書では、PSD 手法を実現したソフトウェアプログラム（PSD ソルバー）の体験版を用いて、この手法を体験的に理解していただくことを目的としている。また、体験的理解のために、さまざまな分野の例題における使い方の解説に重きを置いている。

PSD 手法により、多目的性能を同時に満足する多設計変数の範囲解を求めることで、製品の開発期間やコストを削減することも可能となる。また、最近イノベーションということが盛んにいわれているが、新しいアイデアの実現性のスピーディーな確認も PSD 手法によって行うことができる。PSD 手法は適用分野や課題を選ばないことも特徴である。

ソフトウェアの体験版は無料で使用できる。ぜひ読者の抱えている設計課題に適用し、PSD 手法の有効性を体験し、その考え方を学んでいただきたい。とくに企業などにおいて、製品の開発や設計業務に関わり、トレードオフのある性能や異種性能を有する製品の作り込みを行っている人にはぜひ読んでいただきたい。なお、PSD 手法は、数学の集合論的な理論やアルゴリズムを基礎にしているが、本書では体験的理解に重きを置いているので、これらについては詳しく触れない。興味のある方は、拙著『多目的最適化設計：セットベース設計手法による多目的満足化』（コロナ社、2010）を参考にしてほしい。

本書をまとめるにあたっては、森北出版第 2 出版部の福島崇史氏に大変お世話になりました。ここに記して感謝の意を表します。

2019 年 10 月

著者を代表して　石川晴雄

目　次

第 1 章　PSD とは何か

第 2 章　PSD の考え方と手順

第 3 章　PSD ソルバーの使い方

第 4 章　材料力学・構造力学への適用

コラム（近年の製品開発の動向）一覧

CHAPTER 1 PSDとは何か

選好度付きセットベース設計手法（preference set-based design（PSD）手法）は、一言でいえば多目的性能の同時満足化のための設計手法である。ここで強調したいのは、性能の最適化ではなく、満足化であることである。この章では、満足化の考えにもとづいて、製品の開発や設計に関するいくつかの観点からPSDの特徴について述べる。

1-1 PSDで何ができるか

■ 開発期間の短期化と低コスト化

各メーカーの競争力を高めるための目標の一つに、開発期間の短期化と低コスト化がある。従来は新製品・改良製品における多性能の実現・多観点からの検討を行うにあたって、たとえば、それぞれの担当部署間のすり合わせを繰り返して収束解を探索することも多かった。しかし、性能どうしにトレードオフが生じたり、途中で性能が追加されたりすることも多く、開発設計の後戻りと

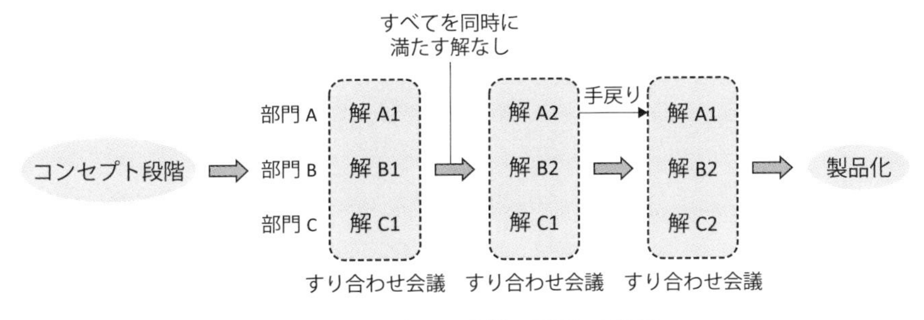

図 1-1　すり合わせ会議、手戻りの頻発

それに伴うすり合わせ会議が頻発していた（図1-1）。このことが開発期間の長期化や高コスト化をもたらしていた。

また一方で、現状の開発の主流では、CAE（数値計算によるシミュレーション）を用いて、大量のデータを早く処理することで開発期間の短期化をはかろうとしている。たとえば、図1-2のような自動車の衝突安全のためのユニット部品であるフロントサイドメンバー（衝突時に変形・圧壊して衝撃を弱めるユニット）を開発する際には、その力学的などの特性を数値計算（たとえば有限要素法）で得る。こうした計算機の処理能力に依存している手法も盛んに用いられているが、解が得られるという保障はなく、解が得られたとしても解の根拠が必ずしも理解できるわけでもない。

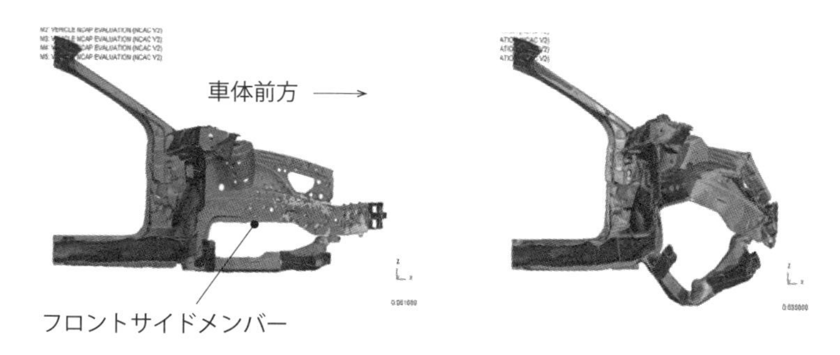

図1-2　フロントサイドメンバーのCAEシミュレーション事例
データ提供：株式会社JSOL、モデル提供：FHWA/NHTSA National Crash Analysis Center、参考文献[1]

本書で紹介するPSDは、これらとは異なる手法によって、パソコンによる処理のみで、開発期間を短期間・低コストで実現する設計手法である（図1-3）。PSDは、解があるのであればその存在領域を示し、解がないのであればそのこと自体を示してくれる。

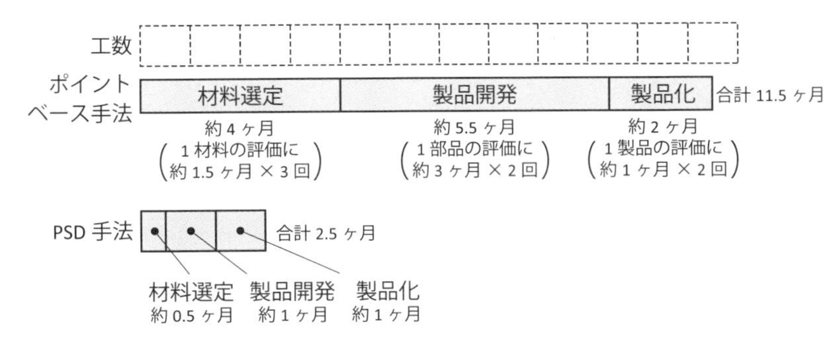

図 1-3　開発期間の短期化

図中のポイントベース手法とは、従来の数値点、実験点を基礎に開発を進める手法のことである（詳しくは第 2 章を参照）

■ 多目的性能の同時実現

PSD では、異なる種類やトレードオフのある性能であっても同列に扱うことができる。異なる種類の性能というと、構造系であれば強度と剛性のような印象を与えるが、軽量性、廃棄性、コスト、振動、形状位相、感応性など、従来同列に扱うことがなかった性能も含まれる。さらに構造系と制御系の同時設計など、分野を超えた性能についても、それぞれを同時に満足する解を求めることができる。

たとえば、図 1-2 に示したフロントサイドメンバーには表 1-1 のような性能が求められる[2]。このうち重量以外はとくに重要な性能であるため、まずこれら 4 性能を個別に CAE で評価し、満足する解を探索することで、その解に対して重量の検討が行われている。そのため重量の検討結果によっては、4

表 1-1　フロンサイドメンバーに求められる性能

<table>
<tr><td colspan="2">曲げ剛性［N/m］</td></tr>
<tr><td colspan="2">タイダウン強度［N］</td></tr>
<tr><td rowspan="2">安全性能</td><td>最大反力［N］</td></tr>
<tr><td>圧壊荷重［N］</td></tr>
<tr><td colspan="2">重量［kg］</td></tr>
</table>

性能の評価・解探索をはじめからやり直さなければならない。PSDでは、このような従来異なる段階で検討されていた性能や、そもそも従来の手法では同時に検討できなかった性能を同時に扱うことができる。

また一般に、性能数や影響因子数が多ければ多いほど、従来手法では単一の手法での解析が難しくなる。PSDは、とくにそうした場合に効果を発揮する（ただし、性能数や影響因子数が多すぎると、そもそも解が存在しなくなる可能性が生じる）。従来、こうした状況への対処は、技術者の経験や知識によることが多かった。

■ 技術の継承・共有

PSDでは、達成すべき性能とそれを実現する設計変数に対して、「範囲」と「選好度」（設計者の狙いを可視化した指標）の情報を入力する。また、結果として得られる解も範囲と選好度で与えられる。これは、性能や設計変数の値の大きさの範囲とその選好度の分布に関する情報が、図や数値で保存でき、その技術的判断の継承・共有が容易になることを意味する。

図1-4は、前述のフロントサイドメンバー（図1-2）の5性能のうち「曲げ剛性」と「最大反力」の2性能について、初期入力範囲と選好度の分布を示している。また図1-5は、同じフロントサイドメンバーの5性能の初期入力範囲を同時に満足する8設計変数の範囲を求めた結果から、絞り込まれた性能（図1-4の2例）の範囲を示している。

こうした性能や設計変数に関する情報から、前任の設計者の技術的狙いとし

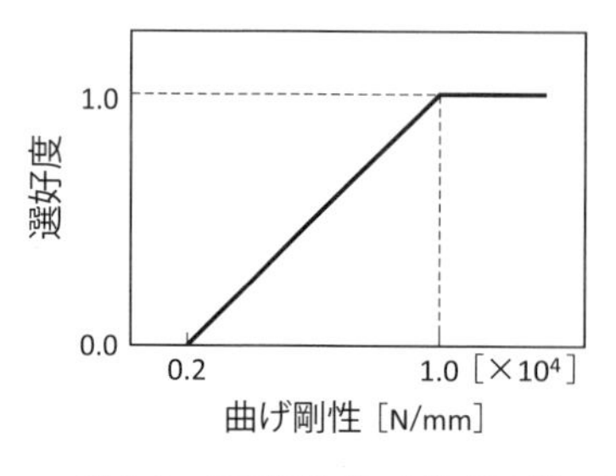

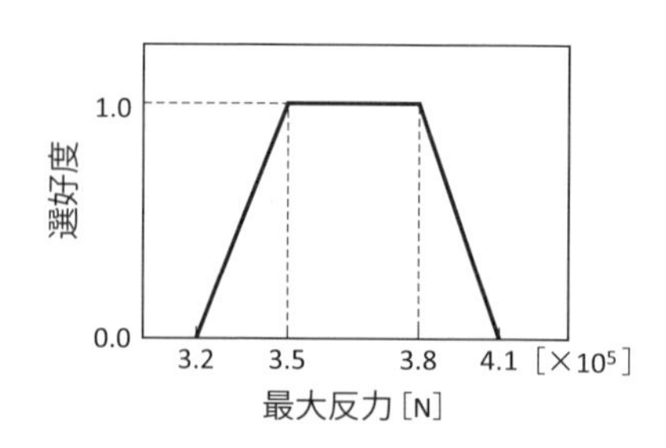

図1-4 フロントサイドメンバーの性能（2例）の初期入力範囲と選好度分布

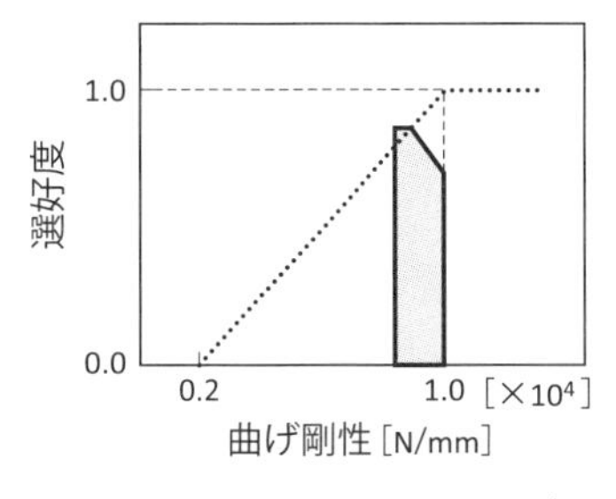

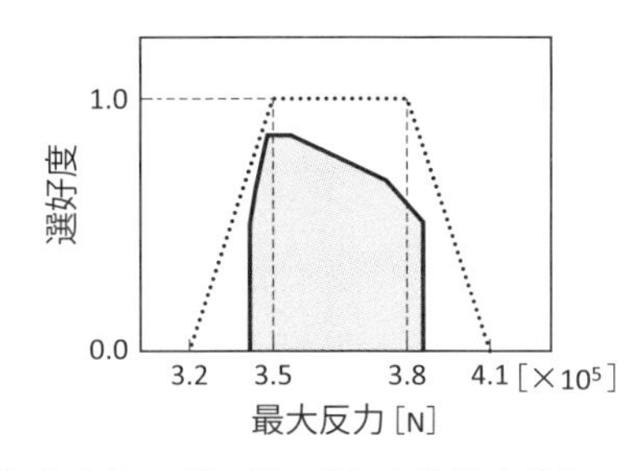

図 1-5　フロントサイドメンバーの性能（2 例）の絞り込み範囲と選好度分布

て、どこをどの程度の重要さで考えていたかがわかり、また結果的に 5 性能を同時に満足する範囲はどこで、その範囲はどの程度のよさであったかがわかる。このことは後任の設計者にとって有益な情報となりうる。

日本の高度成長時代を牽引した多くの技術者が定年を迎えている。日本の産業を支えた時代に培った技術知識の後継者への継承は喫緊の課題であり、すでに手遅れという指摘もある。PSD は、範囲と選好度分布を図的・数値的に示すことで、こうした状況に応える手法でもある。

■ 新しいアイデアが成立するかどうかの確認

新製品・改良製品の新しいアイデアは、発想された段階では関係する知識や情報に多くの不確定性を伴うが、その段階でもアイデアが製品として成立するかどうかの見定めが必要である。これは一般的に、不確定性も含めた定量評価で行うことになるが、容易ではない。PSD では、設計変数の影響度に幅をもたせることで、新しいアイデアにもとづく目的性能が要求範囲レベルに達成しているかどうかを迅速に検討できる。

1-2　PSD による開発設計例

1-1 節で述べたように、PSD は適用対象分野を選ばない。また、物理現象や製品性能の種類も選ばない。本書の後半では、材料力学（両端支持梁）、構造力学（ラダーフレーム型構造）、機構学（首振り機構）、制御工学（垂直駆動アーム)、加工学(旋盤加工の評価)、電気電子工学(伝送線路)の各分野における設計問題の例を取り上げている。

また、これまで著者らによって発表されてきた実機や実際の製品課題への適用結果として、防音・遮音材の開発[3]、自動車の触媒マフラーのガス流れ制御[4]、トラックキャブの最適構造設計[5]、構造の位相設計[6]、フレキシブルモジュール設計[7]、振動乗り心地設計[8]、吸音材を用いた車外騒音対策設計[9]、制御と構造の同時設計[10]などもある(これらの内容については参考文献を参照してほしい)。

1-3 解がないこともわかる手法

PSDは、検討したい多性能をそれぞれの範囲で表し、その範囲が重なっているかどうかで条件を満たす解があるかどうかを判断する。そのため、場合によっては範囲が重ならないこともある。このことは、もともと想定していた範囲に解が存在しないことを示している。

従来の設計手法では、はじめから解が存在するかどうかはわかっていないので、存在しない答えを求めて時間と労力を費やしてしまう可能性がある。しかしPSDを用いることで、そのような無駄をなくすことができる。

1-4 PSDを利用するために必要な知識

■ 設計課題に関する知識

前節までに述べているように、PSDは適用対象の分野や課題自体を選ばない。しかし、それぞれの設計課題に関する知識、つまりどのような性能を取り上げ、その性能に対する設計変数は理解しておかなければならない。

図1-2に示したフロントサイドメンバーでいえば、以下のような知識は必要である。

要求性能:自動車の衝突時の安全性確保のために、このユニットには表1-1

に示した性能などが要求されていること。

設計変数：図 1-2 のサイドフレームメンバーを開発するにあたり、図 1-6 の左上のような構造でモデル化し、表 1-1 の性能、図 1-6 の設計変数を構想しなければならないこと。

その際、重要なことは、性能に対する設計変数は互いに独立であることである。偏相関係数などで従属性の高い設計変数を取り除いた設計モデル（性能と設計変数の関係モデル）を用いる必要がある（図 1-6 の設計変数はすべて互いに独立な変数である）。また、性能に対して独立性の高い（相関係数の高い）設計変数を回帰係数などを用いて選択したモデルを考える必要がある。またモデルとして、3 次元の製品モデルで設計するのか、いわゆる 1D モデルで設計するのかの方針に関する判断知識が必要である。

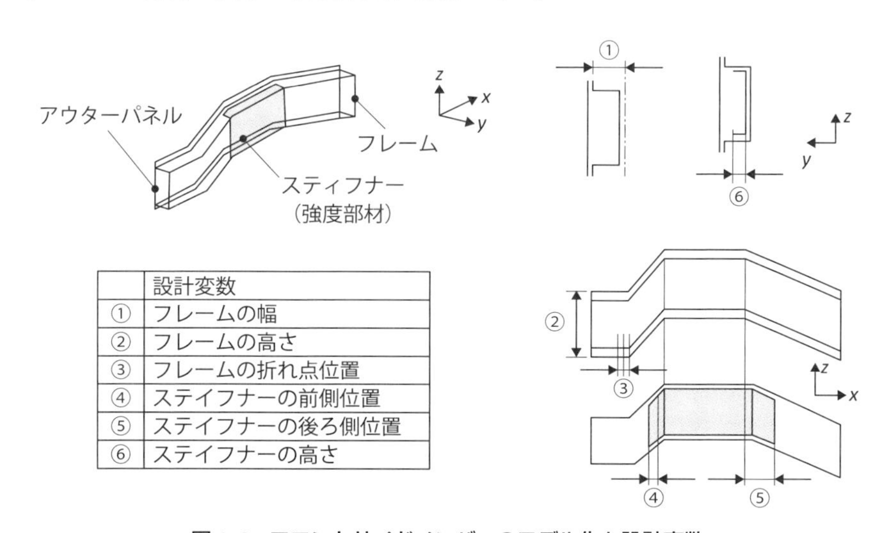

	設計変数
①	フレームの幅
②	フレームの高さ
③	フレームの折れ点位置
④	ステイフナーの前側位置
⑤	ステイフナーの後ろ側位置
⑥	ステイフナーの高さ

図 1-6　フロントサイドメンバーのモデル化と設計変数

■ 設計プロセスに関する知識

PSD は設計プロセスの段階にかかわらず適用できるが、設計プロセスのどの段階で適用し、どの程度の範囲を知りたいかという方針に関する知識は必要である。たとえば、新製品などの開発であれば初期設計の段階で適用し、とりうる解の範囲の全体像をまず把握することが可能である。詳細設計の段階でも適用できるが、一般に設計変数の数も多くなり、範囲解も狭くなる、あるいは範囲解が存在しない場合もある。一方、詳細設計の一つである流用設計では、既存の製品の複数性能のうち、新しく追加した性能についてはある程度自由に範囲を設定できるが、既存の性能については限られた範囲しか設定できない。

図1-6の箱型構造は、初期設計と詳細設計の中間あたりのプロセスに該当する。

■ 性能と設計変数の関係に関する知識

設計の段階にかかわらず、性能と互いに独立な設計変数の関係式が必要である。この関係を示す式として、第5章の材料力学の梁の公式のように、力学的に与えられている理論式や公式、あるいは数値的・実験的な近似式がある。理論式や公式が与えられていない場合は、新たに近似式を作成するためのデータを、CAEによる数値計算、もしくは実験により求める必要がある。たとえば最小2乗法で求める場合は、1次式の場合は（1設計変数あたり）2点のデータが、2次式であれば3点のデータが少なくとも必要である。

こうした状況で近似式を作成する場合、CAEによる計算回数や実験の回数を減らすためには、実験計画法の直交表を用いるのも一つの方法である（本書で説明するPSDソルバーの体験版ではこの方法も準備されている）。ただしこの場合は、実験計画法に関する知識も必要となる。

1-5　PSDの演算処理の特徴

PSDにおける演算に関連した特徴を以下に示す。集合演算の詳しい内容は、「はじめに」で記した拙著を見てほしい。

1. 初期に与えた設計変数の範囲から性能の範囲を求める場合や多性能の同時満足範囲の絞込みの場合には、集合演算を基本としている。

2. 性能と設計変数の関係が単調関数の場合、範囲演算に厳密な数学的集合論が適用できる。単調を含む非単調な関数の場合、大域的解探索手法である粒子群最適化法や遺伝的アルゴリズムが適用できる。
3. 外乱のような影響因子の大きさを範囲で与える場合、その初期範囲を維持したまま、ほかの設計変数の範囲の絞り込みを行うことができる。
4. 範囲とその選好度を用いて設計変数の満足度とロバスト性を定義し、使用している。
5. 設計変数の範囲として離散値を扱うことができる。
6. 設計変数の初期範囲の設定の妥当性を検証する方法として、設計変数範囲から得られる性能の範囲と性能の初期設定範囲とのオーバーラップ率を指定できる。

■ 参考文献

[1] M. Okamura, Robustness analysis of a vehicle front structure using statistical approach, 10th European LS-DYNA Conference, 2015.

[2] 井上全人，初期設計段階におけるセットベース多目的設計最適化（第 4 報），Vol. 39, No. 6, pp. 283-288, 2008.

[3] 井上全人，花ヶ崎宣人，塩崎弘隆，石川晴雄，セットベース設計手法による多孔質積層材の吸音/遮音性能予測，自動車技術会論文集，Vol. 40, No. 3, pp. 699-704, 2009.

[4] 岸亮介，セットベース設計手法による触媒マフラの最適構造設計，自動車技術会論文集，Vol. 43, No. 2, pp. 363-368, 2012.

[5] 石灰伸好，トラックのキャブ・シャシーフレーム開発における多目的性能同時達成手法の提案，電気通信大学学位論文，2014.

[6] N. Sasaki and H. Ishikawa, Set-based design method for multi-objective structural design with conflicting performances under topological change, Vol. 26, pp. 76-81, 2015.

[7] 石川晴雄，石灰伸好，田村良介，三浦哲也，選好度付きセットベース設計（PSD）手法によるモジュール設計の考え方、2016 年度日本設計工学

会秋季大会研究発表講演会，pp. 23-26, 2016.
[8] 柿沼道子，榎本満，石川晴雄，セットベース設計手法を用いた車両振動の最適化，自動車技術会 2016 年春季学術講演会，pp. 1916-1920, 2016.
[9] 石川晴雄, 吸音材を用いた車外騒音対策に関するセットベース設計（PSD）手法による検討，自動車技術会 2017 年春季学術講演会，pp. 2322-2327, 2017.
[10] 石川晴雄，佐々木直子，選好度を有する範囲概念に基づく多目的同時満足化設計（構造と制御の同時設計への適用），日本機械学会論文集，Vol. 84, No. 867, pp. 1-12, 2018.

COLUMN　近年の製品開発の動向①：日本の製造業の立ち位置

以下の図は、日本製造業における製品開発のポートフォリオ（成長率とシェアで製品を四つに分類した図）である。やや古いデータだが、日本の製造業の立ち位置を把握するうえでは参考になる。

図中の数字は、製品全体に対する各分類の割合である。一般的な製品の成長戦略としては、「金のなる木」で得られた利益を「問題児」に投資し、市場シェアを拡大して「花形」に育てる傾向がある。図からわかるように、「問題児」が減少し、「金のなる木」と「負け犬」が増加している。つまり高成長製品への投資が減り、低成長製品への投資が増えている。このことから、日本の製造業は新しい市場を開拓する製品開発よりも、限られた市場内でのシェア争いが追い求められているといえる。

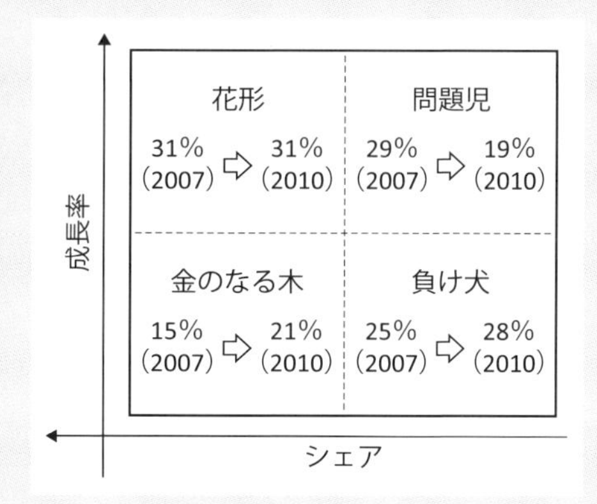

製品開発のポートフォリオ

福嶋徹晃、日本製造業の実態、第３回・日本の製品開発は効率化されたか？、日経 XTECH 2011/07/26.

また、日本の製造業は将来大きな利益が見込める成長率の高い市場ではなく、ある程度の利益を得ることができる成長率の低い市場向けに、技術難易度の高い製品を投入している。これらのことから、新しい市場を開拓する革新的技術が求められている。

CHAPTER 2 PSDの考え方と手順

近年、盛んにイノベーションあるいは価値創造ということがいわれている。P.F. ドラッカーは、「イノベーションは学問的真理の発見ではなく、顧客自身が気づいていない需要を創出して、新しい価値を付加し、顧客にとって満足度の高い製品をつくる企業活動である」といっている[1]。また、1978年ノーベル経済学賞を受賞したH. サイモンは、「設計における人間活動の合理性は『最適化』ではなく『満足化』である」と指摘している[2]。価値についていえば、他者のための価値という基準が重要であるとの指摘もある[3]。これらに共通していることは、需要・目的に対する満足化という考え方の重要性である。つまり製品設計における性能は、従来は最適化という現象の安定点（最小値）として求める手法が主流であった。選好度付きセットベース設計手法（preference set-based design（PSD）手法）では、顧客や開発設計者にとっての満足化という考え方を基本としている。

この章では、このような満足化を実現するPSDの基本的な方法と具体的なプロセスについて述べる。

2-1 従来の設計手法との違い

製品開発においては、第1章で説明した「部署間のすり合わせ」以外にも多目的性や不確定性が引き起こすさまざまな問題がある。

- 性能の多様化による設計者・開発者の技術的な限界：利用される状況の未確定性、知識不足、正確な要求仕様決定の難しさなど。
- 物理現象や製造技術の変化：地震などの自然界での物理現象、さまざまな劣化現象、製造法の選択の制約、製造精度など。

- ユーザーや社会からの要請にもとづく性能の高機能化：ユーザーの嗜好性の変動、製品の使い勝手、製品コスト、見栄え（デザイン性）、軽量性など。

CAE に代表されるような従来の設計手法では、まずこれらの多目的性と不確定性をもつ設計変数の組み合わせにより、目的関数として要求されている性能を表現する。そして、図 2-1 に示すように、経験などをもとに設計変数に初期値を与え、目的関数が要求性能やその制約条件を満たすかどうかを確認する。もし満たさなければ、初期値を変更して、再び要求性能やその制約条件を満たすかどうかを確認する（この過程をポイントベース設計（point-based design）による探索という）。

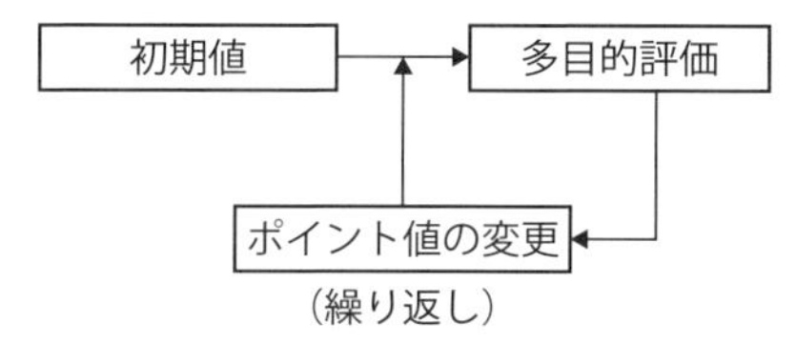

図 2-1　ポイントベース設計

各章末尾のコラムに紹介されている手法（最適化設計、1D 設計、モデルベース設計、コンカレントエンジニアリング、連成 CAE など）のいずれにおいても多目的性や不確定性を扱うが、その扱い方はいずれもポイントベースである。これらのポイントベース設計では、一定の成果は得られるものの、たとえば下記のような問題がある。

1. 初期値がよくないと、収束解を得るための多数の繰り返しが必要となる。
2. 収束解が得られる保証がない（とくに多目的問題の場合）。
3. 設計の上流過程での解の最適性は、下流過程での最適性を保障しない。
4. 不確実性の表現が難しい。
5. 採用する変数値の粒度が細かくなるほど、多性能を満たす複数設計変数の収束解の取得は、基本的にはコンピュータの演算能力に依存することになる。
6. 得られた多種設計変数の収束解がなぜそのポイント値なのかという観点については、論理的にはわかりづらい。

以上の問題点に対して、PSD では次のように解決している。

1. 設計変数の探索領域をはじめから範囲で設定し、要求性能の範囲を満足するようにこの範囲を絞り込むので、絞り込みの 1 プロセスで解探索は終了する。
2. 解が存在しない問題設定であれば「収束解はない」という結果を出力するので、解が存在する問題設定であれば収束解の存在は保証される。
3. 上流設計での範囲解は一般に広く与えられるので、下流設計ではそれをさらに絞り込めば、上流と下流の範囲解には整合性がとれる。
4. 不確実性は変動性ともいえる。PSD では、性能も設計変数のいずれについてもそれらの変動性を範囲で表現することによって不確実性を容易に扱っている。

2-2 PSD の基本的な考え方

PSD の考え方の全体像を示したのが図 2-2 である。まず、左図のように、各設計変数 x_i $(i = 1, ..., n)$ がとりうる範囲を決める。次に、設計変数と性能を関係式で表し、中央図のように、設計変数 x_1 に対する性能 $y_1, ..., y_3$ の共通集合（太線で囲まれた範囲）を求める。そして、共通集合内を分割し、設計変数 x_i に対する満足性とロバスト性の高い部分領域を求める。ここでいう満足度とロバスト性は下記になる。

満足度：部分範囲からの可能性分布と要求性能の範囲と選好度分布との重なり。

ロバスト性：範囲の大きさと選好度分布から実際に解を選定する際の変動の少なさ。

最後に、右図のように、すべての設計変数に対する満足度とロバスト性を求める。

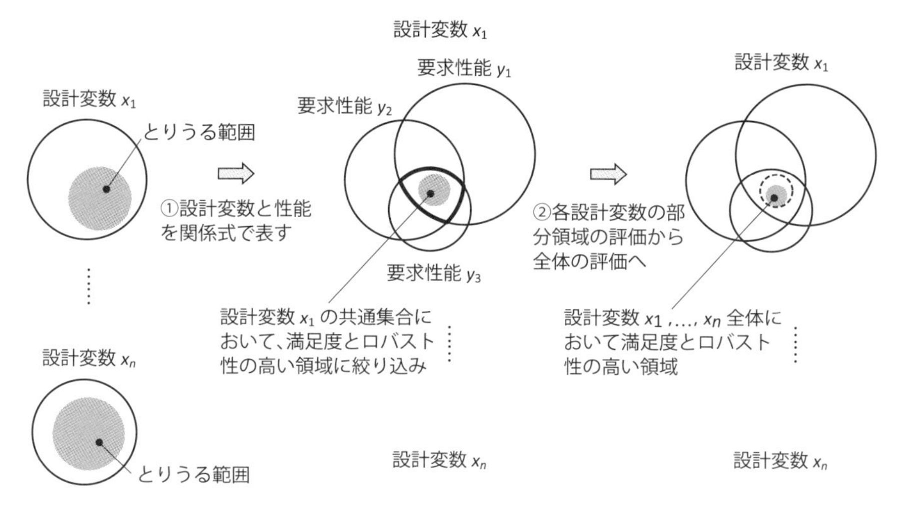

図 2-2　PSD の基本的な考え方

2-3　PSD の具体的なプロセス

PSD の具体的なプロセス（図 2-3）を、ポンプ・空気圧縮機や内燃機関として用いられる往復スライダクランク（図 2-4）を例に説明する。この機構ではリンク d を固定し、点 O_1 を中心にリンク a を回転させると、スライダ c は連接リンク b を介して往復直線運動をする。θ はリンク a の回転角、ϕ はリンク b の角度、s はスライダ c の移動距離（θ を 0 から π まで動かしたときの点 O_3 の移動距離）である。このスライダの移動により、ポンプや圧縮機の機能

Step 1　定数・設計変数の設定
Step 2　要求性能の設定
Step 3　要求性能と設計変数の関係の定義
Step 4　実現可能領域の計算
Step 5　設計変数の絞り込み
Step 6　結果の表示

図 2-3　PSD の具体的なプロセス

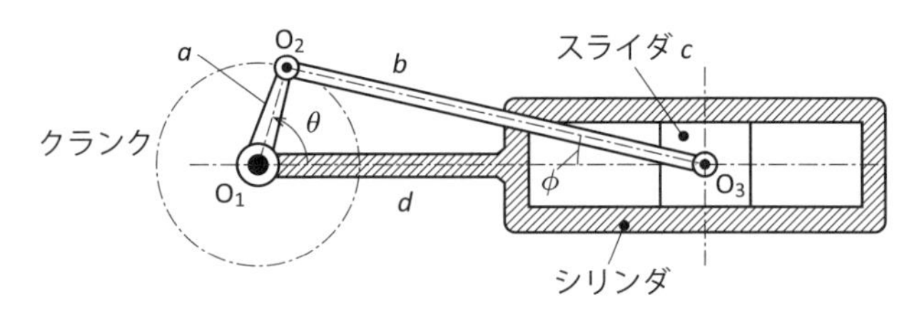

図 2-4　往復スライダクランク機構

が発生する。

Step 1　定数・設計変数の設定

関係式に現れる定数を入力し、設計変数の範囲と選好度を設定する。ここでいう選好度は図 2-5 に示すように、設定された範囲内における好ましさの度合い（図 2-5 の縦軸、[0, 1] の範囲で基準化された値）である。選好度 0 の横軸の範囲が許容範囲（「横軸の値が最悪でもこの範囲には収まってほしい」と設計者が考える範囲）であり、選好度 1 が最良範囲（「横軸の値がこの範囲に収まっていればありがたい」と設計者が考える範囲）である。その途中は、それぞれの範囲の端点を線分で結ぶ。いずれにしても、選好度の分布は設計者の意図（経験・判断）により表現する。

図 2-4 でいえば、設計変数としてはリンク長 a, b などが設定できる。たとえば、設計変数 b の範囲と選好度は、図 2-6 のように決めることができる。これは「最良範囲が範囲中央のほうにあるのではないか」という設計者の判断を

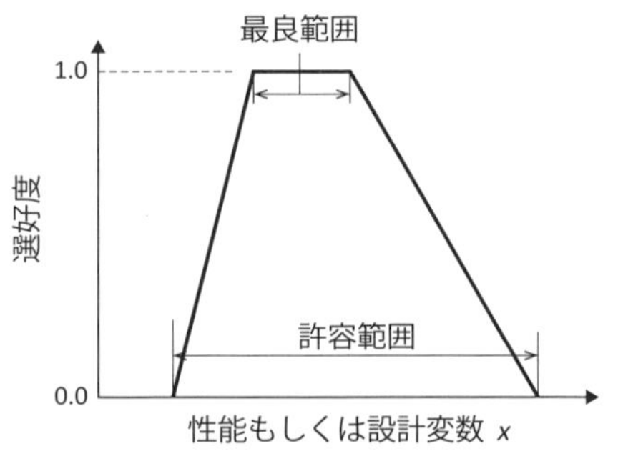

図 2-5　選好度

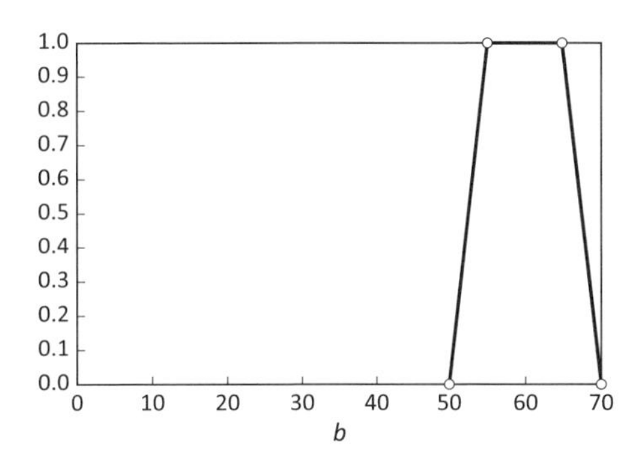

図 2-6　設計変数 b に関する選好度分布

反映している。

Step 2　要求性能の設定

Step 1 の設計変数と同様に、要求性能に対しても範囲と選好度を設定する。図 2-4 でいえば、要求性能としては移動距離 s や、リンク a が一定回転速度（角速度 ω が一定）で回転したときのスライダ c の移動速度 v などが設定できる（2 性能）。たとえば、要求性能 s の範囲と選好度は、図 2-7 のように決めることができる。図 2-7 は許容範囲と最良範囲が一致しており、「範囲内でのよさが変わらない」という設計者の判断を反映している。

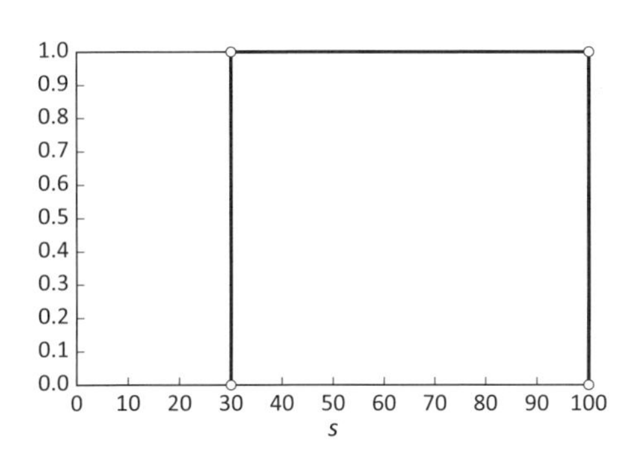

図 2-7　性能 s に関する選好度分布

Step 3 要求性能と設計変数の関係の定義

理論式または近似式を用いて要求性能と設計変数の関係を定義する。近似式の作成には、たとえば応答曲面式に実験計画法を用いれば、少ない実験や数値計算で作成できる。図2-4の場合、要求性能 s および v は、以下のような幾何的関係式とその微分で表現される。ただし、$\lambda = a/b$, $d\theta/dt = \omega$ とする。なお、この場合の設計変数は a, θ, b である。

$$s = a + \frac{a}{\lambda} - a\cos\theta - \frac{a}{\lambda}\sqrt{1 - \lambda^2 \sin^2\theta}$$

$$v = \frac{ds}{dt} = \frac{ds}{d\theta}\frac{d\theta}{dt} = a\omega\left(\sin\theta + \frac{\lambda \sin 2\theta}{2\sqrt{1 - \lambda^2 \sin^2\theta}}\right)$$

☑ PSDソルバーの製品版では、応答曲面式の求め方として、実験計画法以外にも線形補間、RBF（放射基底関数）補間の手法が用意されている（体験版では実験計画法のみ）。

Step 4 実現可能領域の計算

Step 1の設計変数の選好度付き範囲とStep 3の関係式から、最適化分野で用いられる粒子群最適化（PSO：particle swarm optimization）手法などにより要求性能の挙動を知り、その最小値・最大値より性能の範囲（可能性分布）を求める。

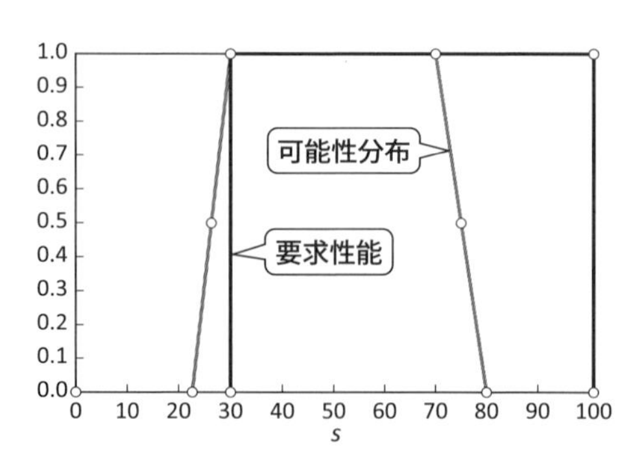

図2-8 図2-4の性能 s の可能性分布

図 2-4 の性能 s に関する可能性分布を図 2-8 に示す。グレーの線で示された台形状の範囲が可能性分布である。

☑ PSD ソルバーの製品版では、可能性分布の求め方として、PSO 以外にも数学的集合論（IPT：interval propagation theory）にもとづく手法と遺伝的アルゴリズム（GA：genetic algorithm）にもとづく手法が用意されている。いずれも大域的な探索が可能な手法である（体験版では PSO のみ）。

Step 5　設計変数の絞り込み

Step 4 で求めた可能性分布が Step 1 で設定した要求性能の初期範囲にどの程度入っているかを確認し、必要に応じて設計変数を絞り込む。

完全に含まれる場合：設計変数の初期範囲で要求性能が実現できることを示しているため、そこで探索を終了する。
完全に外れている場合：Step 1 に戻る。
部分的に外れている場合：次の手順で設計変数を絞り込む。

(a) 設計変数の初期範囲を等分割し、それぞれの範囲に対して可能性分布を求める。そして、要求性能の範囲と重なっていない範囲を解の候補から除外する。
(b) 部分的であっても要求性能の範囲に入る部分範囲は、満足度とロバスト性を基準にして評価する。詳細は[4]を参照のこと。

図 2-8 では、可能性分布が要求性能の範囲から左側に部分的に外れていた。そこで上記の方法で分割範囲を探索すると、たとえば設計変数 b は図 2-9 に示す範囲になる。そして、この範囲に対応する要求性能 s の範囲を求めると図 2-10 に示す範囲となり、初期範囲に含まれるので、これで探索が終了する。

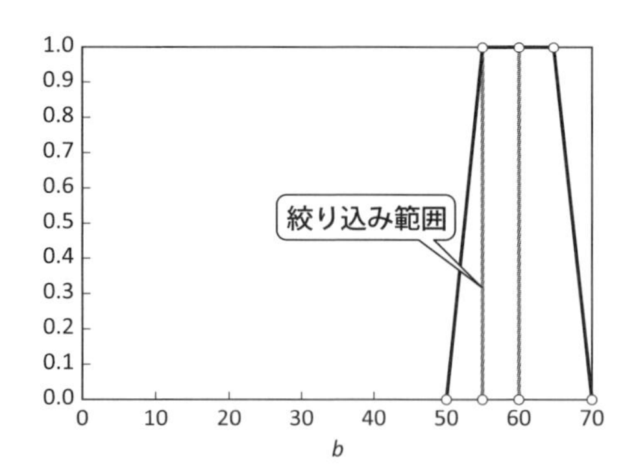

図 2-9　設計変数 b の絞り込み範囲解（グラフ）

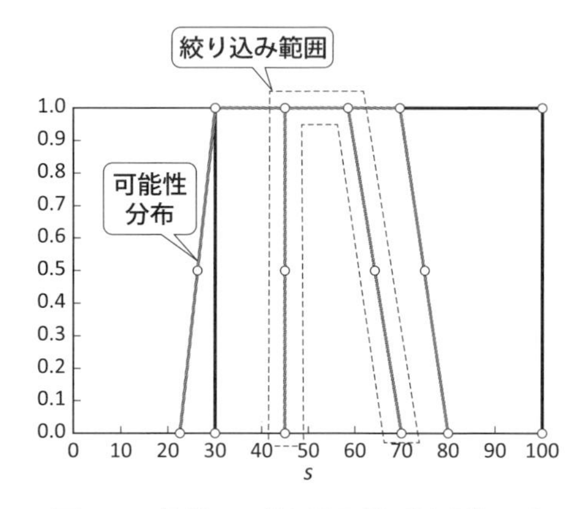

図 2-10　性能 s の絞り込み範囲解（グラフ）

Step 6　結果の表示

結果として得られる情報は、

(a) 要求として掲げたすべての性能の初期範囲を同時に満足する、各設計変数の範囲と選好度分布

(b) それによって実現する各性能の範囲と選好度分布

である。これらの結果は、PSD ソルバーを使えば図と数値で表示される。(a) の例としては、設計変数 b について図で表した結果が図 2-9 であり、その数値を表にまとめると表 2-1 である。なお、設計変数 a, θ の絞り込み範囲は、

表 2-1　設計変数 b の範囲解（数値）

初期範囲	初期範囲の選好度	範囲解	範囲解の選好度
50	0	55	0
55	1	55	1
65	1	60	1
70	0	60	0

それぞれ a = [35.0, 40.0]，θ = [1.57, 1.96] である。(b) の例としては、要求性能 s について図で表した結果が図 2-10 であり、その数値を表にまとめると表 2-2 である。

表 2-2　性能 s の範囲解（数値）

初期範囲	初期範囲の選好度	範囲解	範囲解の選好度
30.00	0.0	46.26	0.0
30.00	1.0	46.26	0.5
100.00	1.0	46.26	1.0
100.00	0.0	58.9	1.0
		64.13	0.5
		69.57	0.0

以上求められた結果の妥当性を検討するために、絞り込まれた設計変数の最小値の組み合わせおよび最大値の組み合わせで，Step 3 の関係式を使って 2 性能値を求めると、表 2-3 のようになる。この表より、いずれの性能値も絞り込みの範囲に入っていて、結果が妥当であることがわかる。

表 2-3　設計変数の範囲解の検証

	性能		性能（絞り込み範囲）	
	移動距離 s	移動速度 v	移動距離 s	移動速度 v
最小値の組み合わせ	50.98	437.76	[46.26, 69.57]	[305.78, 500.0]
最大値の組み合わせ	65.83	361.68		

■ 参考文献

[1] P. F. ドラッカー著，上田淳生訳，イノベーションと企業家精神，ダイヤモンド社，2007.
[2] H. A. サイモン著，稲葉元吉，吉原英樹訳，システムの科学 第3版，パーソナルメディア，1999.
[3] 渋谷仙吉，牧口価値論とカント価値論の比較研究，比較思想学会，Vol. 36, pp. 105-112, 2009.
[4] 石川晴雄，佐々木直子，選好度を有する範囲概念に基づく多目的同時満足化設計（構造と制御の同時設計への適用），日本機械学会論文集，Vol. 84, No. 867, pp. 1-12, 2018.

COLUMN 近年の製品開発の動向②：魅力品質（delight 性能）設計の提唱

最近、今後の開発すべき製品の設計性能の特質として提唱されているのは、「魅力品質（delight 性能）設計」という考え方である。

これまでの設計は「当たり前品質（must 性能）設計」および「性能品質（better 性能）設計」が主体であった。魅力品質設計とは、これらに対する第3の品質性能設計を指す。当たり前品質性能は、機能として必ず備えておかなければならない性能のことである。ヘアドライヤーでいえば、風量、風速、温度、重量、騒音などの性能である。性能品質性能は、must 性能を基本にし、ユーザーの使い勝手に関する性能（ドライヤーでいえば、軽さや騒音が小さいことなど）のことである。これに対して魅力品質設計は、おもに人の知覚に関係する性能であり、見た目のデザイン性や高級感、持ったときのバランス感、風のやさしさ、使った後の髪の毛のしっとり感などのことである。

今後の製品開発は、魅力品質を製品性能としていかに設計手法にのせるか、そのうえで must 性能、better 性能との同時満足化をいかにはかるかが問われるであろう。

CHAPTER 3 PSD ソルバーの使い方

PSD ソルバー体験版は、本書の読者に選好度付きセットベース設計（PSD）手法の実際の動作を確認していただくために用意されている Web アプリケーションである。本書での第 3 章以降の内容はすべて体験版にもとづいている。製品版と比べて機能に制限はあるが、操作の考え方は製品版と同様であり、より使いやすくデザインされている。ここでは、体験版の概要と使うための手順を中心に解説していく。

3-1 PSD ソルバーの役割

2-3 節で説明した PSD のプロセスとソルバーとの関係を表したのが、図 3-1 である。数学的に最も難しい Step 4 ～ 6 を PSD が引き受けてくれるので、ユーザーはその前にある Step 1 ～ 3 を与えるだけで解析を実行できる。

Step 1	定数・設計変数の設定	ユーザーがソルバーに与える
Step 2	要求性能の設定	
Step 3	要求性能と設計変数の関係の定義	
Step 4	実現可能領域の計算	ソルバーが実行する
Step 5	設計変数の絞り込み	
Step 6	結果の表示	

図 3-1　PSD ソルバーの役割

3-2 利用方法

PSD ソルバーはプログラム開発言語として Java で書かれていて、Java の実行環境で動作する。したがって Java のプログラミングに関する知識は不要であるが、Java プログラムとしての実行環境（JRE（Java Runtime Environment））は必要である。たとえば Oracle 社では JRE を無料で公開しており、誰でもダウンロードできるようになっている。

体験版を使うためには、簡単なユーザ登録をする必要がある。

1. 以下の専用 Web サイトにアクセスし、アカウントを作成する。

   https://psd.photron.co.jp/create

2. アカウント名（利用できるメールアドレス）とパスワードを登録し、アカウント発行を行う。
3. ログインするとマイページ（PSD ソルバー実行開始ページである以下の URL）が表示され、PSD ソルバーが利用できるようになる。

   https://psd.photron.co.jp/psd/mypage

3-3 基本操作のチュートリアル

PSD ソルバーは、図 3-2 のような流れで利用できる。以下では、片持ち梁（図 3-3）を例題として、それぞれの段階でどのようにソルバーを使うのかを説明する。

この例題では、片持ち梁の長さ $L = 100$ mm と負荷荷重 $F = 4000$ N は固定とする。また材質は鋼とし、そのヤング率 $E = 2.06 \times 10^5$ N/mm^2、密度 $\rho = 7.8 \times 10^{-6}$ kg/mm^3 である。設計変数は梁断面の高さ H と幅 B とした。それぞれの初期範囲は $H = 10\sim30$ mm、$B = 20\sim40$ mm とし、いずれも小さいほうが望ましいとした。要求性能は、強度の観点から応力 S、軽量化の観点から質量 m の 2 性能とした。それぞれの初期範囲は S は 550 N/mm^2 以下、m は 0.8 kg 以下とした。これらの要求性能は、設計変数幅 B、高さ H を用いて、材料力学の公式により

1. プロジェクトの作成
2. メインメニューの設定
3. 定数の設定
4. 設計変数の設定
- ▶変数の入力
- ▶選好度の入力

5. 要求性能の設定
- ▶変数の入力
- ▶関係式の設定
  - 編集による入力
  - 応答曲面法
    - (a) データ点を用いる場合
    - (b) 直交表を用いる場合
- ▶選好度の入力

6. 結果の表示

図 3-2　PSD ソルバー操作の流れ

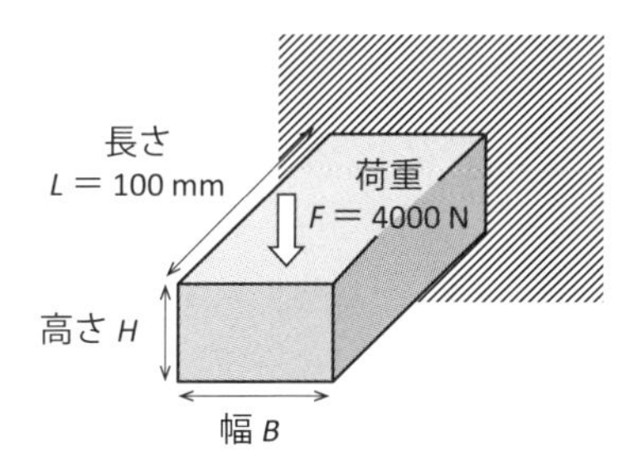

図 3-3　説明用の例題（片持ち梁の変形）

$$S = \frac{6FL}{BH^2}, \quad m = \rho LBH$$

と計算できる。

■ プロジェクトの作成

Web サイトにログインすると、初期ページとして［マイページ］（図 3-4）

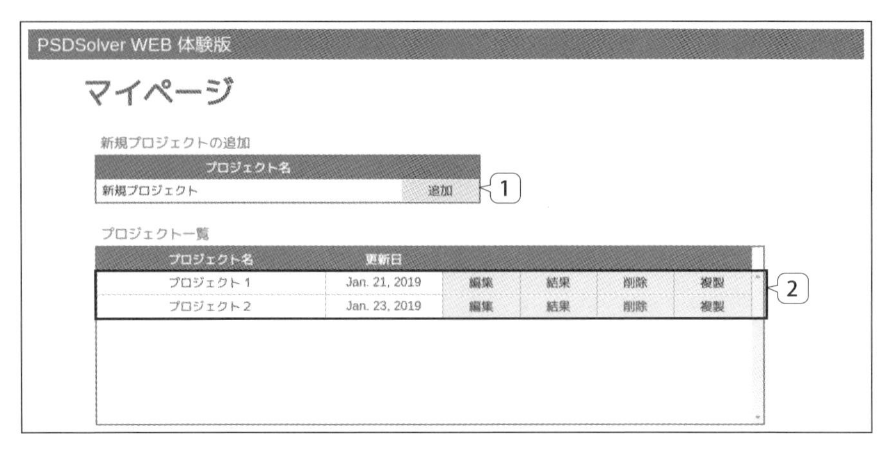

図 3-4　マイページの画面

が表示される。ここでは、PSD ソルバーで計算を実行するための設計課題ごとの情報を一つのプロジェクトと表現し、そのプロジェクトの作成・表示を行う。

新規プロジェクトを作成するには、［新規プロジェクトの追加］で、任意のプロジェクト名を設定し、［追加］をクリックする（①）。すると［プロジェクト一覧］に、設定したプロジェクト名が追加される（②）。

プロジェクトの操作については、次のような機能が用意されている。

編集：プロジェクトの内容を編集する。クリックすると、［メインメニュー］の画面に移動する。

結果：プロジェクトに計算結果が存在する場合、その PSD ソルバーの処理結果を表示する。この機能はプロジェクトごとに別ウィンドウで開くため、複数開けばほかのプロジェクトと結果を比較できる。

複製：プロジェクトを複製する。たとえば同じ課題で、設定する変数の内容を変えて比較する場合などに利用する。

削除：プロジェクトを削除する。

■ メインメニューの設定

プロジェクトの［編集］をクリックすると、［メインメニュー］の画面（図3-5）が表示される。

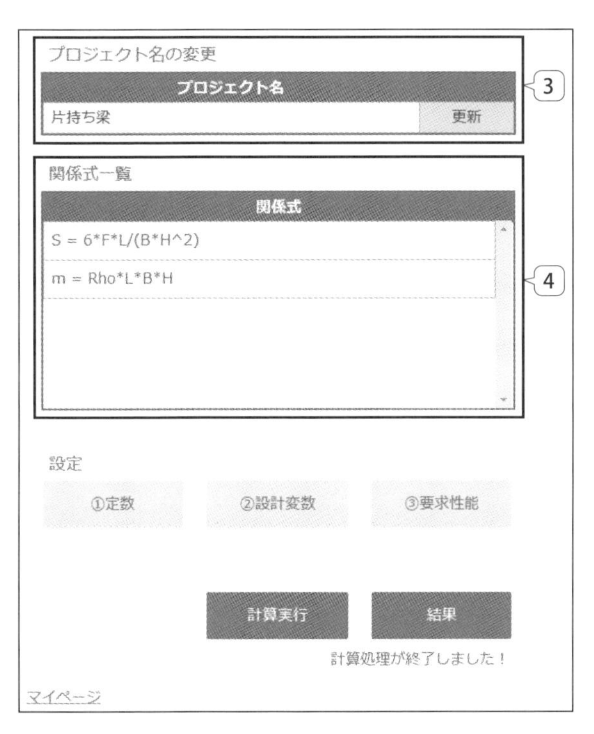

図 3-5　メインメニューの画面

ここでは、入力（あるいは従前の名前を変更）したプロジェクト名、要求性能と設計変数の関係式の一覧が確認できる（③④）。プロジェクト名を変更したい場合、プロジェクト名のテキストボックスを編集し、［更新］をクリックする。

☑［関係式一覧］の関係式とは、プロジェクトの作業結果として得られた、各性能を設計変数で表した関数のことである。したがって、これから PSD ソルバーによる処理を始める新規作成のプロジェクトには、関係式は設定されていない（空欄である）。

■ 定数の設定

図 3-3 の例題での定数は、長さ L、荷重 F、密度 ρ である。これらを念頭に［定数の設定］について説明する。

図 3-5 の［メインメニュー］から［①定数］をクリックすると、図 3-6 の画面が表示される。［定数の追加］で定数値をとる変数名（半角英字、わかりやすい短い名前がよい）を入力し、［追加］をクリックする（⑤）。すると、［定数］（⑥）と［定数の選択］に内容の詳細が項目として追加される。［定数］（⑥）のデフォルトの［0］を本来の値に変更し、［コメント］に定数の説明や単位などを記入し（記入しなくてもよい）、［更新］をクリックする。一度入力した定数の内容の変更を行うには、［定数の選択］において、目標の定数のラジオボ

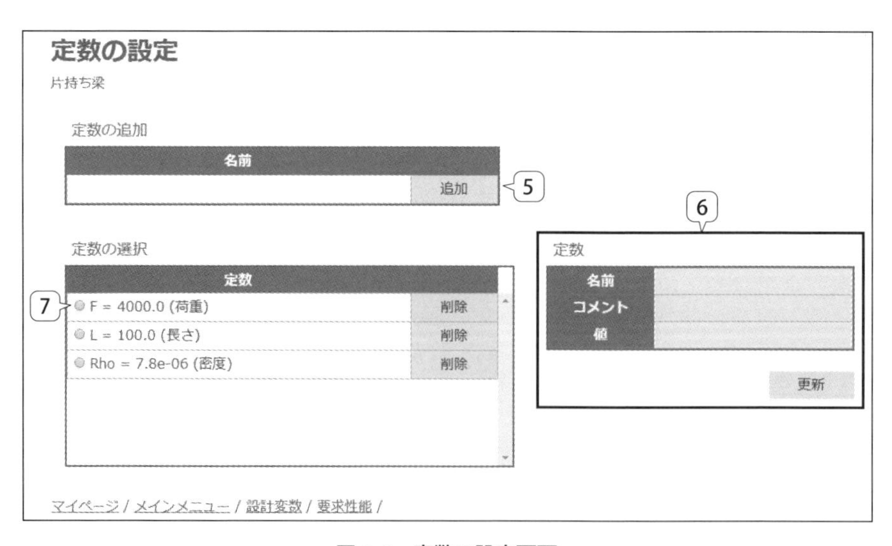

図 3-6 定数の設定画面

タンをクリックすればよい（⑦）。

■ 設計変数の設定

▶変数の入力

設計変数の入力は必須の設定項目である（設定されない状態では計算が実行できない）。

［メインメニュー］に戻り、図 3-5 の［②設計変数］をクリックすると、図

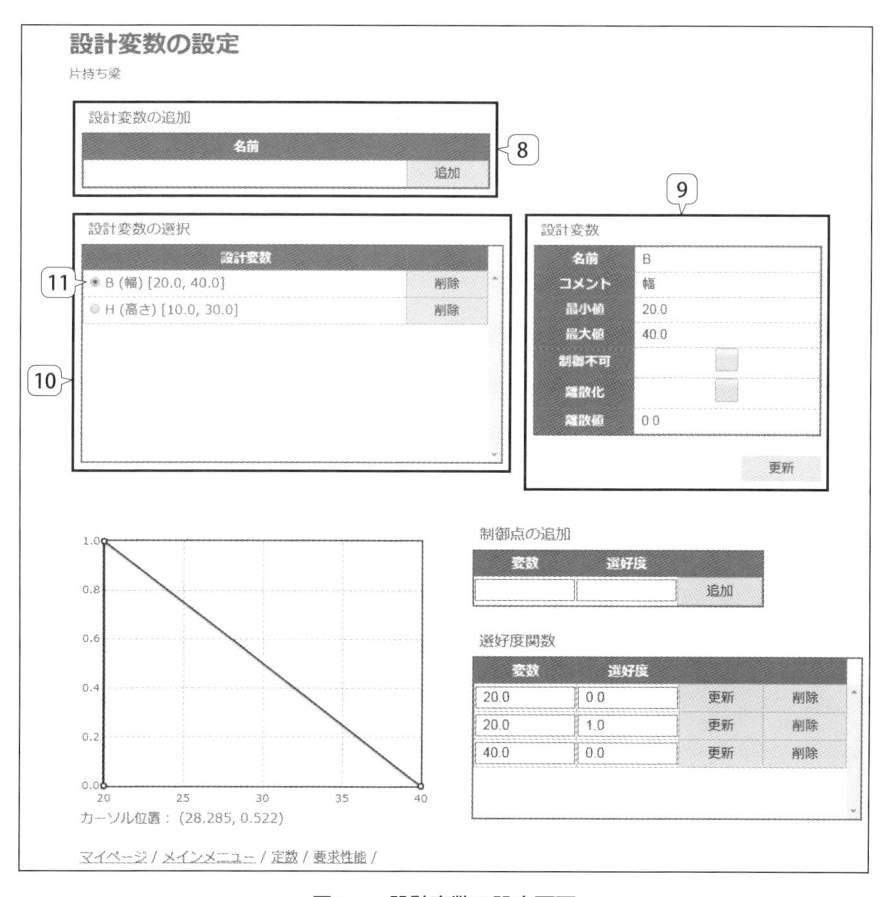

図 3-7　設計変数の設定画面

3-7の画面が表示される。[設計変数の追加]で設計変数値をとる変数名（半角英字）を入力し、[追加]をクリックする（⑧）。すると、[設計変数]と[設計変数の選択]に内容が表示される（⑨⑩）。デフォルトの[最小値 = 0.0, 最大値 = 1.0, 離散値 = 0.0]を本来の値に変更し、[コメント]に定数の説明や単位などを記入し、[更新]をクリックする。なお、設計変数の名前として「e」は使わない。ソフト側でネイピア数（自然対数の底）として使用しているためである。

設計変数の入力項目には、定数の入力項目以外に、次のようなものがある。

最小値、最大値：設計変数が選好度関数でとりうる範囲の最小値あるいは最大値を設定する。

制御不可：設計者が制御できない設計変数の場合（たとえばノイズなど）にチェックをつける。チェックがついている場合は、計算時に絞り込み対象外となる。

離散化：設計変数が離散値の場合にチェックをつける。[離散値]に離散データの間隔を入力する。たとえば、穴の数などの場合は、1個、2個、…などと間隔が1になるので、[離散値]は1と入力する。

一度入力した設計変数の内容の変更を行うには、[設計変数の選択]において、目標の設計変数のラジオボタンをクリックすればよい（⑪）。

▶選好度の入力

PSDでは、第2章で述べたように選好度という概念が存在する。選好度の分布は、図3-8のように、設計変数のとりうる範囲における曲線（折れ線）で表現される。[制御点の追加]で設計変数とその選好度の値を入力し、[追加]をクリックする（⑫）。すると、[選好度関数]にそれぞれの値が追加され、グラフ中に○印で示される（⑬⑭）。

☑ 制御点とは、変数範囲の両端（最小値と最大値）を含めた選好度分布の頂点のことである。

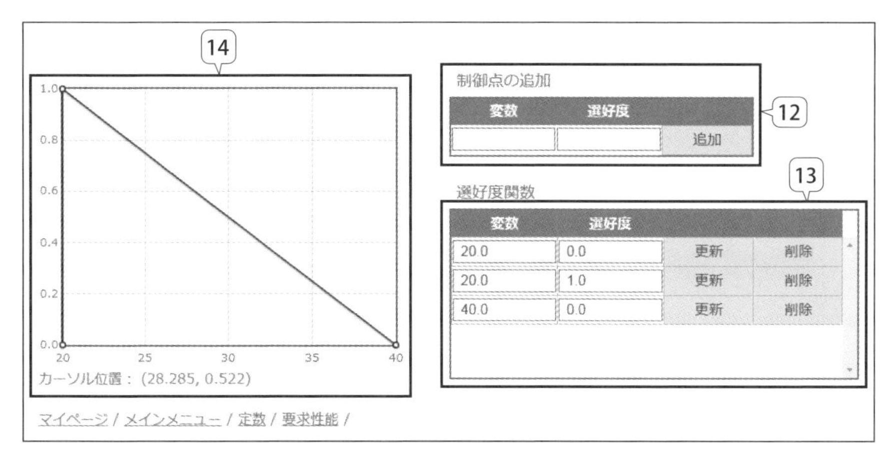

図 3-8　選好度分布の設定画面（図 3-7 の下半分を再掲）

選好度分布の設定には、以下のようなルールがある。

- 変数値の小さい順に入力する。
- 選好度の値は 0.0 以上 1.0 以下の範囲に設定する。
- 変数範囲の両端では 0 にする（要求性能の場合は 0 以外の設定も可能）。
- 変数の途中データ点では 0 にしない（図 3-9(a)）。
- 変数のデータ点は重複させない（図 3-9(b)）。

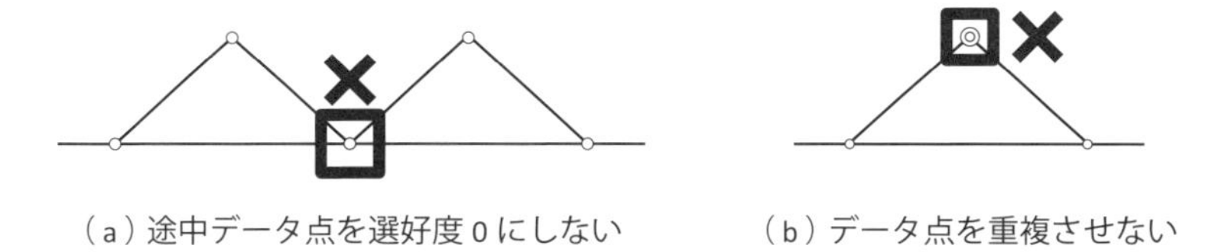

（a）途中データ点を選好度 0 にしない　　（b）データ点を重複させない

図 3-9　不適切な選好度分布の設定

■ 要求性能の設定

図 3-5 の［メインメニュー］に戻り、［③要求性能］をクリックすると、図 3-10 と図 3-11 の画面が表示される。

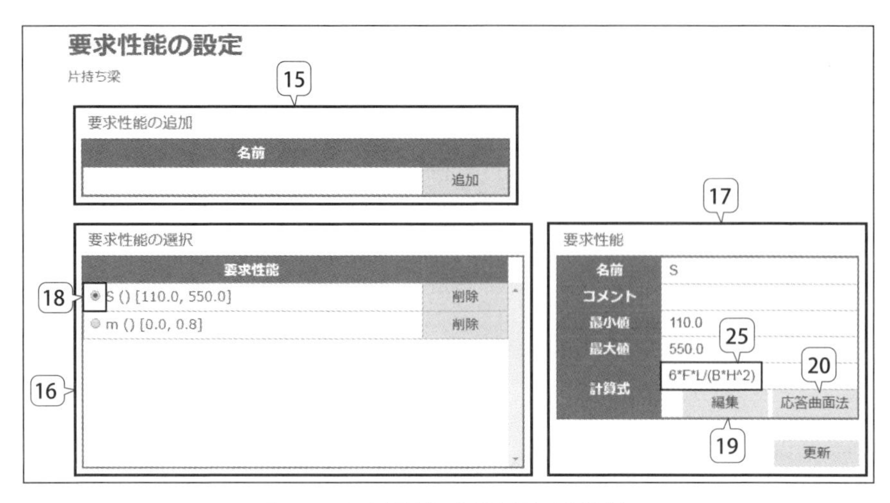

図 3-10　要求性能の設定画面（上半分）

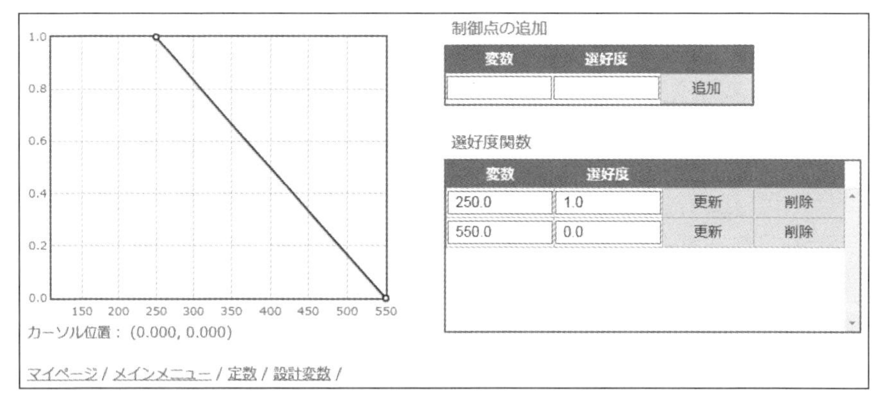

図 3-11　要求性能の設定画面（下半分）

▶変数の入力

［要求性能の追加］で要求性能値をとる変数名（半角英字）を入力し、［追加］をクリックする（⑮）。すると、［要求性能］と［要求性能の選択］に内容が表示される（⑯⑰）。デフォルトの［最小値 = 0.0，最大値 = 1.0］を本来の値に変更し、［コメント］に定数変数名の説明や単位などを記入し（例題では無記入)、［更新］をクリックする。

要求性能の入力項目には、定数の入力項目以外に、次のようなのもがある。

最小値、最大値：要求性能が選好度関数でとりうる範囲の最小値あるいは最大値を設定する。

計算式：要求性能と設計変数の関係を表す式を設定する。

一度入力した要求性能の内容の変更を行うには、[要求性能の選択]において、目標の要求性能のラジオボタンをクリックすればよい（⑱）。

▶関係式の設定

[要求性能の設定]では、要求性能と設計変数の関係式（計算式）の設定が必要となる。PSDソルバーの体験版では、関係式を用意する方法が二つ用意されている。公式や理論式や実験式などから関係式がわかっている場合（既知の場合）に対応する[編集]と、関係式が未知の場合に対応する[応答曲面法]の2種類である。

編集による入力（関係式が既知の場合）

要求性能の一つを選択し（⑱）、[編集]（⑲）をクリックすると、図3-12の画面が表示される。この画面には、設計変数、定数および関数電卓のような関係式の入力キーが用意されている。これらを用いて、性能と設計変数と定数の関係式を画面右側のテキストエリアに入力する（㉑）。設計変数や定数は、それぞれのプルダウンメニューから選択する（㉒〜㉓）。

入力が終了したら[確定]をクリックする（㉔）。[要求性能の設定]の画面（図3-10）に戻るので、要求性能の一つを選択すると、入力した関係式が[要求性能]に表示されていることが確認できる（㉕）。入力をキャンセルする場合は図3-12の[戻る]をクリックする。

応答曲面法（関係式が未知の場合）

図3-10の要求性能の一つを選択し、[応答曲面法]（⑳）をクリックすると、図3-13と図3-14の画面が表示される。画面からわかるように、応答曲面法には2種類の方法がある。

図 3-12　関係式の設定画面

(a) データ点：設計変数の値と要求性能の値を組み合わせた多くのデータを使う。

(b) 直交表：実験計画法を用いた要因と水準の組み合わせと、要求性能の値のマッピングデータを使う。

☑ 応答曲面法、直交表については付録を参照。

(a) データ点を用いる場合

図 3-13 で［データ点］を選択する（㉖）。設計変数ごとに A 列、B 列、…にそれぞれの値を入力し、それらの変数の組み合わせ A，B，…に対応した要求性能の結果をデータ列に入力する（㉗）。行を追加するには、［データ点の追加］をクリックする（㉘）。例題では設計変数が 2 個（A と B）だが、これより多ければ C 列、D 列、…が自動的に追加される。

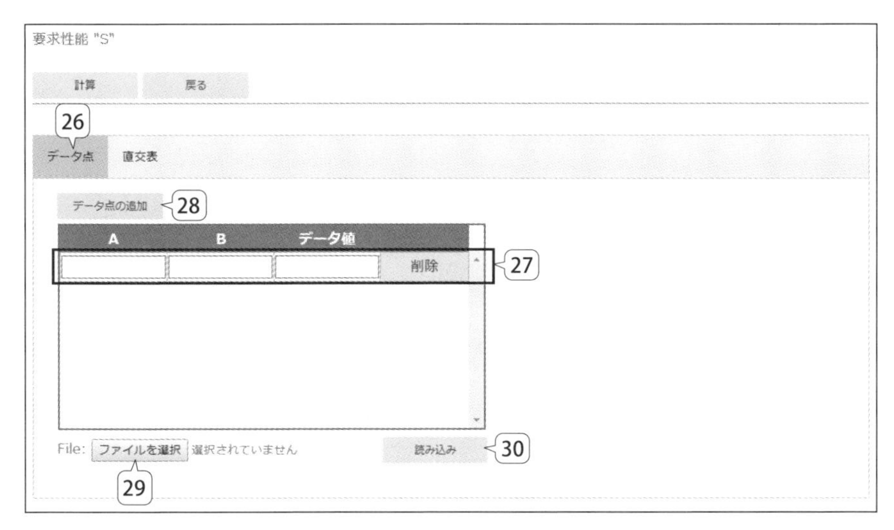

図 3-13　応答曲面式の設定画面（上半分）

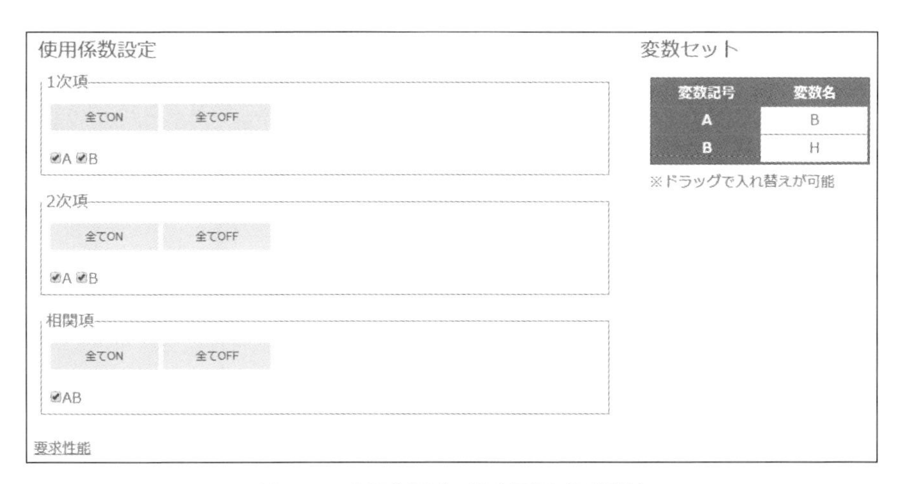

図 3-14　応答曲面式の設定画面（下半分）

データをファイルから読み込む場合は、[ファイルを選択] をクリックし、[読み込み] をクリックする（㉙㉚）。その結果、図 3-15 のようにデータが読み込まれる。読み込み可能なデータのファイルフォーマットは CSV ファイル（カンマ区切り）と TSV ファイル（タブ区切り）の 2 種類である。図 3-16 は TSV ファイルの例である。1 行目はデータとして読み込まれないので、ダミー

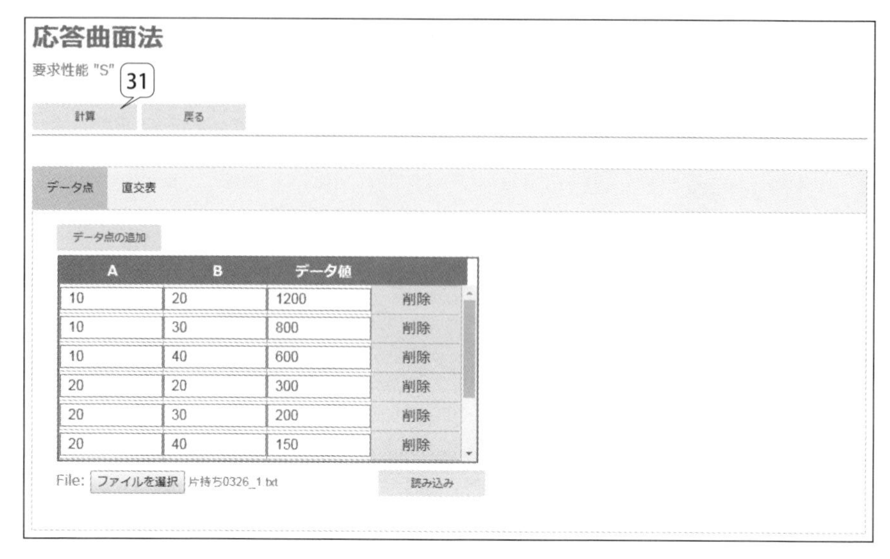

A	B	データ値	
10	20	1200	削除
10	30	800	削除
10	40	600	削除
20	20	300	削除
20	30	200	削除
20	40	150	削除

図 3-15 ファイルからの読み込み結果

片持ち0326_1.txt - メモ帳

ファイル(F) 編集(E) 書式(O) 表示(V) ヘルプ(H)

```
A	B	S
10	20	1200
10	30	800
10	40	600
20	20	300
20	30	200
20	40	150
30	20	133.3
30	30	88.89
30	40	66.67
```

図 3-16 TSV ファイルの例

行として変数名などを入力しておく。

次に、図 3-14 の［使用係数設定］では、用いる近似式の 2 次式の各項の使用係数を設定する。PSD ソルバーの体験版では、応答曲面式として 2 次多項式までを用いることができる。例題では、相関項（各設計変数の交互作用を表す項）までチェックを入れた。［変数セット］では、PSD ソルバーで用いる変数名（A, B, …）と実際の設計変数名との対応関係を設定する。

設定が終わったら、［計算］をクリックして応答曲面式を計算する（㉛）。

計算が終了すると、図 3-17 の画面に移動する。図 3-17 には、要求性能 S に関する応答曲面式 RS が相関項も含めた形で表示されている。また、数値表

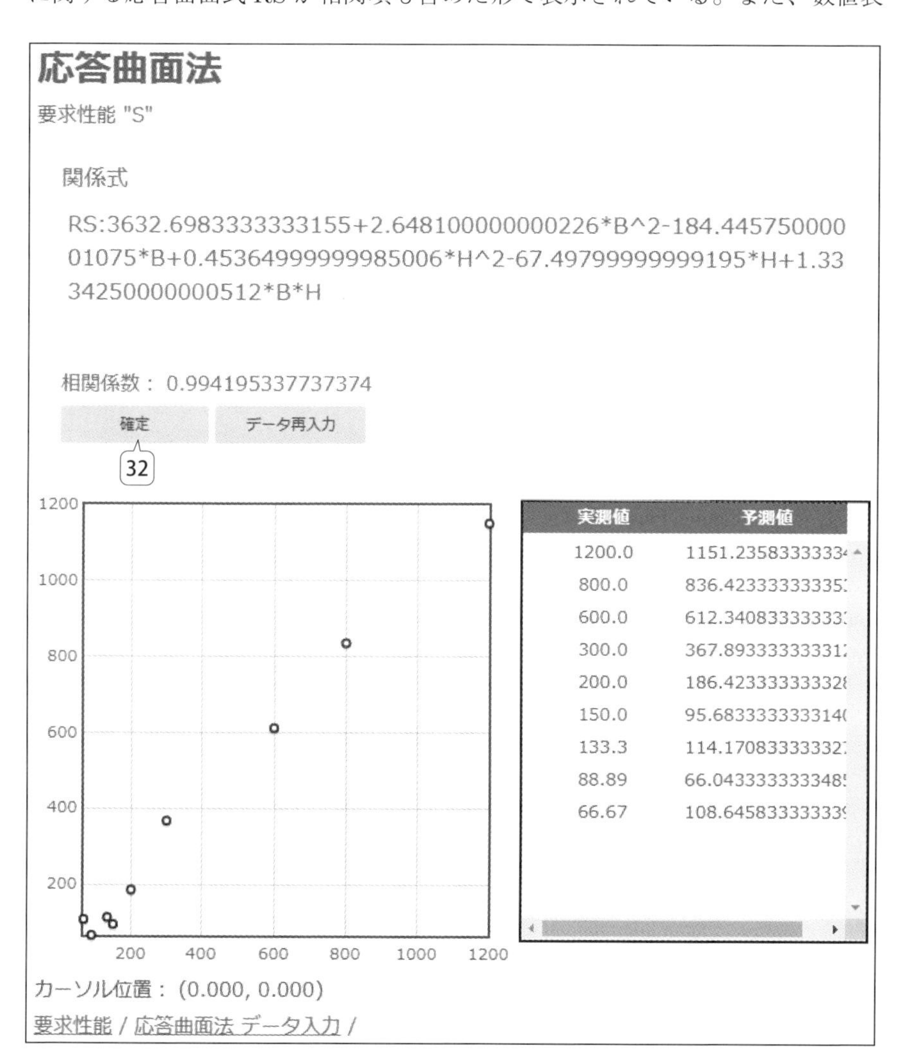

図 3-17　応答曲面法の計算結果（データ点を用いる場合）

には実測値（入力値）と応答曲面式から求めた値（予測値）が比較して表示され、その結果のグラフも表示されている。両者の相関係数の値も表示されている。今回の場合は0.9942を示していて、比較的よい値であることがわかる。この結果でよければ［確定］をクリックして（㉜）、［要求性能の設定］の画面（図3-10）に戻る。要求性能Sを選択すると、［要求性能］の［計算式］に先ほど計算した応答曲面式が格納されていることがわかる。もう一つの性能mについても、同様に計算する。

(b) 直交表を用いる場合

図3-18で［直交表］を選択する（㉝）。図3-19のL_9直交表への入力には、ファイル入力と手入力の二つの方法がある。ここではファイル入力を行う。

［ファイルを選択］をクリックし、［読み込み］をクリックする（㉞㉟）。その結果、図3-20のようにデータが読み込まれる。図3-21は、読み込むTSV

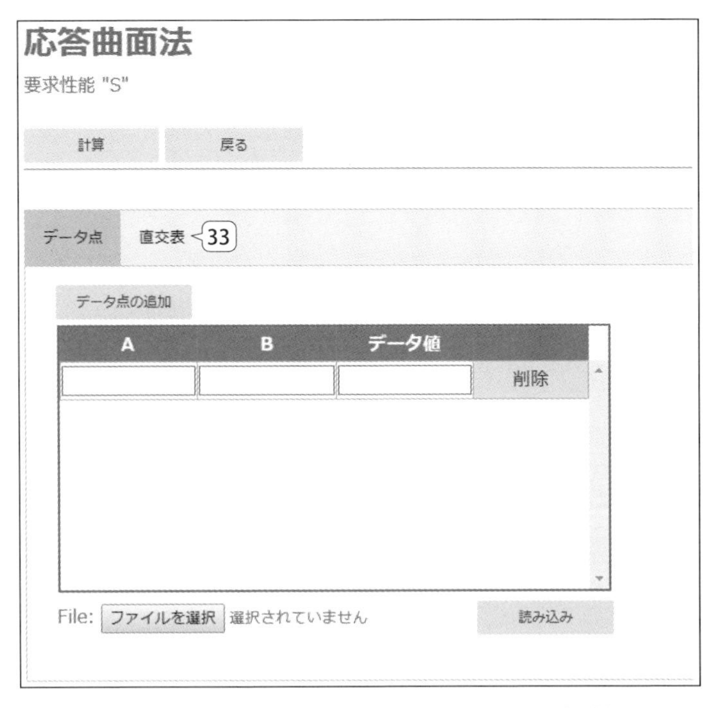

図3-18　応答曲面法の設定画面（直交表を用いる場合）

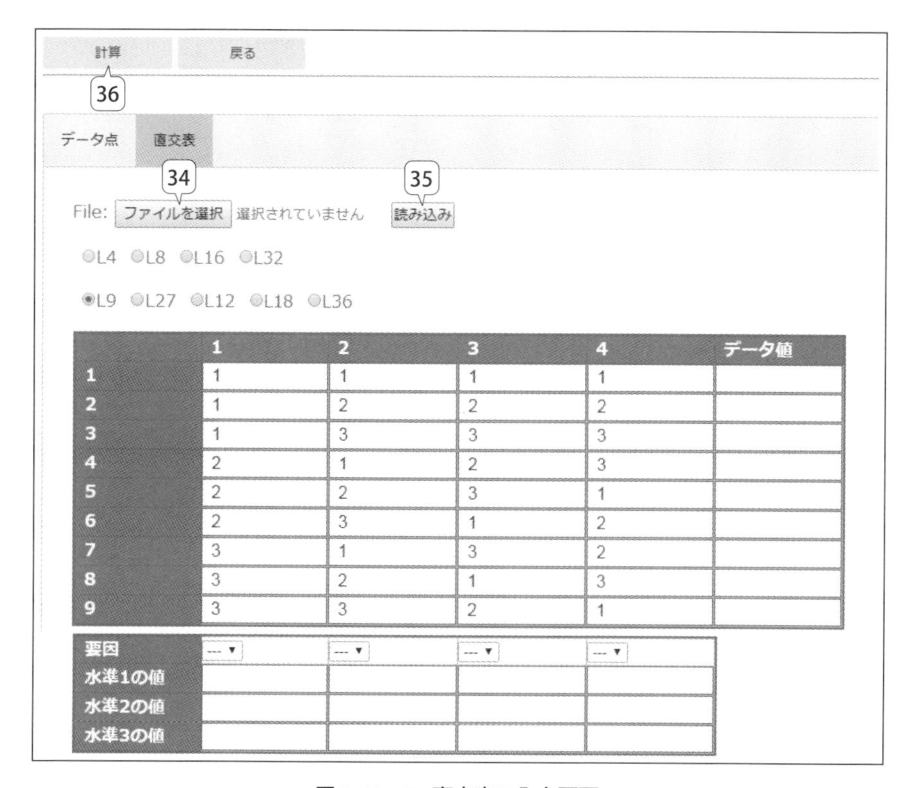

	1	2	3	4	データ値
1	1	1	1	1	
2	1	2	2	2	
3	1	3	3	3	
4	2	1	2	3	
5	2	2	3	1	
6	2	3	1	2	
7	3	1	3	2	
8	3	2	1	3	
9	3	3	2	1	

図 3-19　L_9 直交表の入力画面

ファイルの例である。L_9 の直交表は 3 水準なので、図 3-21 の上表の下側の部分には Factor A, B の 3 水準値（A：20, 30, 40, B：10, 20, 30）が用意されている。

データ点を用いる場合と同様にして［使用係数設定］［変数セット］を設定し、［計算］をクリックして応答曲面式を計算する（㊱）。計算が終了すると、図 3-22 の画面が表示される。今回の場合は、相関係数は 0.9942 を示していて、比較的よい値であることがわかる。この結果でよければ［確定］をクリックして（㊱）、図 3-10 の画面に戻る。要求性能 S を選択すると、［要求性能］の［計算式］に先ほど計算した応答曲面式が格納されていることがわかる。もう一つの性能 m についても、同様に計算する。参考までに、要求性能 m に関する TSV データファイルを図 3-23 に示しておく。

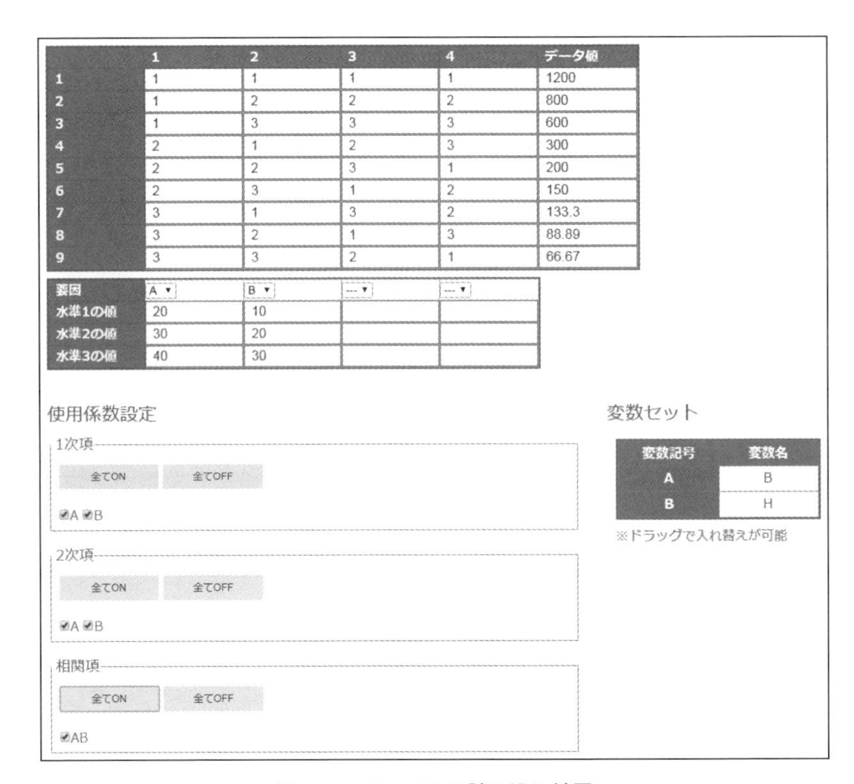

	1	2	3	4	データ値
1	1	1	1	1	1200
2	1	2	2	2	800
3	1	3	3	3	600
4	2	1	2	3	300
5	2	2	3	1	200
6	2	3	1	2	150
7	3	1	3	2	133.3
8	3	2	1	3	88.89
9	3	3	2	1	66.67

要因	A	B	---	---
水準1の値	20	10		
水準2の値	30	20		
水準3の値	40	30		

変数記号	変数名
A	B
B	H

図 3-20 ファイルの読み込み結果

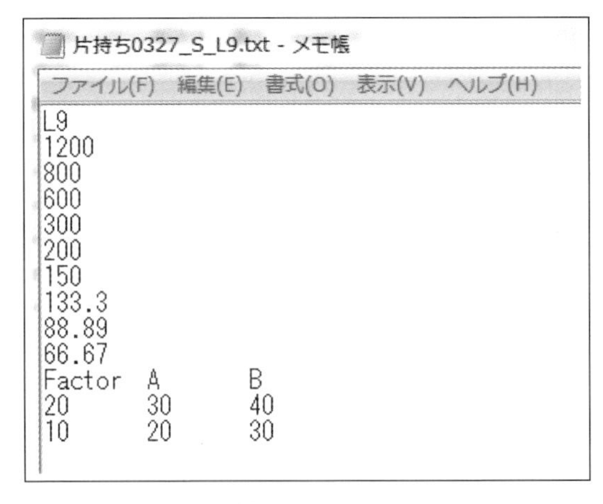

片持ち0327_S_L9.txt - メモ帳

ファイル(F) 編集(E) 書式(O) 表示(V) ヘルプ(H)

```
L9
1200
800
600
300
200
150
133.3
88.89
66.67
Factor	A	B
20	30	40
10	20	30
```

図 3-21 性能 S の TSV ファイル

▶選好度の入力

要求性能の選好度の入力方法は、設計変数の場合と同じである。設計変数と異なるのは、必ずしも変数データの両端の一方の選好度は 0 でなくてもよいという点である。たとえば、図 3-11 の選好度分布の左端（変数値が 250）は 0 でなく 1 であり、この場合は変数値 250 以下で選好度が 1 であることを示している。

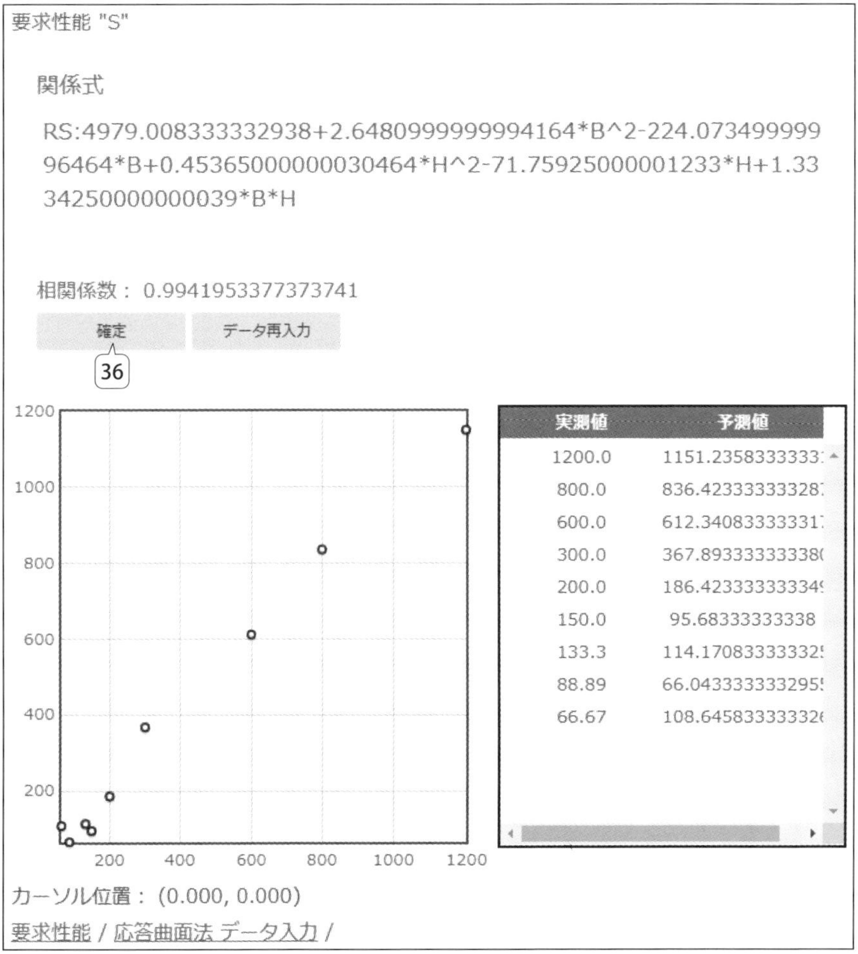

要求性能 "S"

関係式

RS:4979.008333332938+2.6480999999994164*B^2-224.07349999996464*B+0.4536500000030464*H^2-71.75925000001233*H+1.3334250000000039*B*H

相関係数： 0.9941953377373741

確定　データ再入力

36

実測値	予測値
1200.0	1151.2358333333
800.0	836.4233333332
600.0	612.3408333333
300.0	367.8933333333
200.0	186.4233333333
150.0	95.68333333338
133.3	114.1708333333
88.89	66.0433333329
66.67	108.6458333333

カーソル位置： (0.000, 0.000)

要求性能 / 応答曲面法 データ入力 /

図 3-22　応答曲面法の計算結果（直交表を用いる場合）

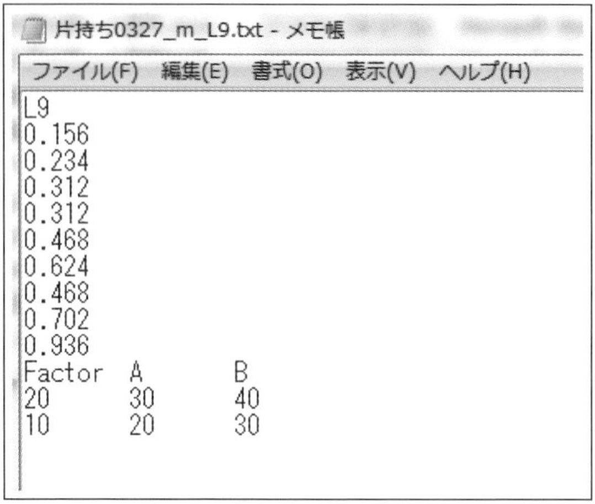

片持ち0327_m_L9.txt - メモ帳

ファイル(F) 編集(E) 書式(O) 表示(V) ヘルプ(H)

```
L9
0.156
0.234
0.312
0.312
0.468
0.624
0.468
0.702
0.936
Factor	A	B
20	30	40
10	20	30
```

図 3-23 性能 m の TSV ファイル

■ 結果の表示

図 3-5 の画面に戻り、[計算実行] を行う (図 3-24)。サーバーが混んでいなければ、[計算中です] のメッセージが表示される。

☑ [計算中] であっても、[マイページ] の [結果] の色が変わっていれば (有効になっていれば)、計算処理は終了している。

[マイページ] あるいは [メインメニュー] の [結果] ボタンをクリックすると、図 3-25 のような計算結果が表示される。

上の図は要求性能の結果である (画面では応力 S の結果が表示されている)。1 個のグラフと 3 個の数値表から構成されている。グラフの黒線は初期範囲と選好度分布を示している。グレーの線は可能性分布の範囲と選好度分布、破線で囲まれたグレーの線は絞り込んだ結果の範囲と選好度分布である。右側の表は、それらを数値で表したものである。質量 m の結果は、要求性能の枠中のプルダウンメニューから選択し、[更新] をクリックすれば表示される。

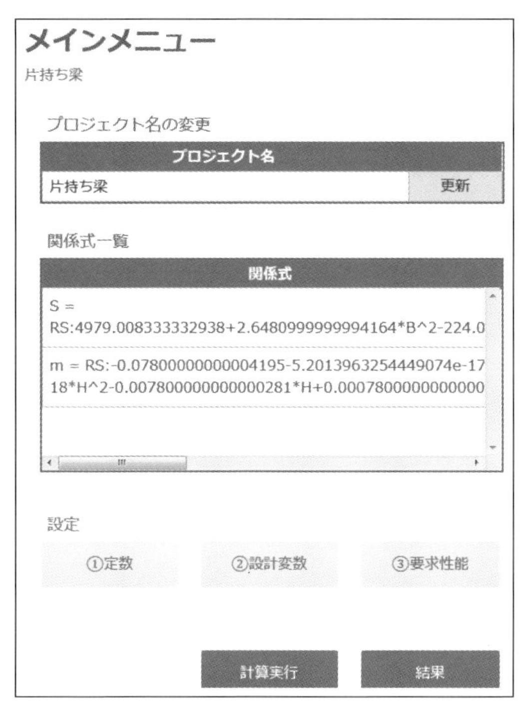

図 3-24　計算実行画面

☑ 可能性分布については、第 2 章を参照。

図 3-25 の下の図は設計変数の結果である。1 個のグラフと 2 個の表から構成されている。グラフの黒線は初期範囲と選好度分布であり、破線で囲まれたグレーの線は絞り込まれた要求性能の範囲を実現する設計変数の範囲と選好度分布である。右側の表は、それらを数値で表したものである。

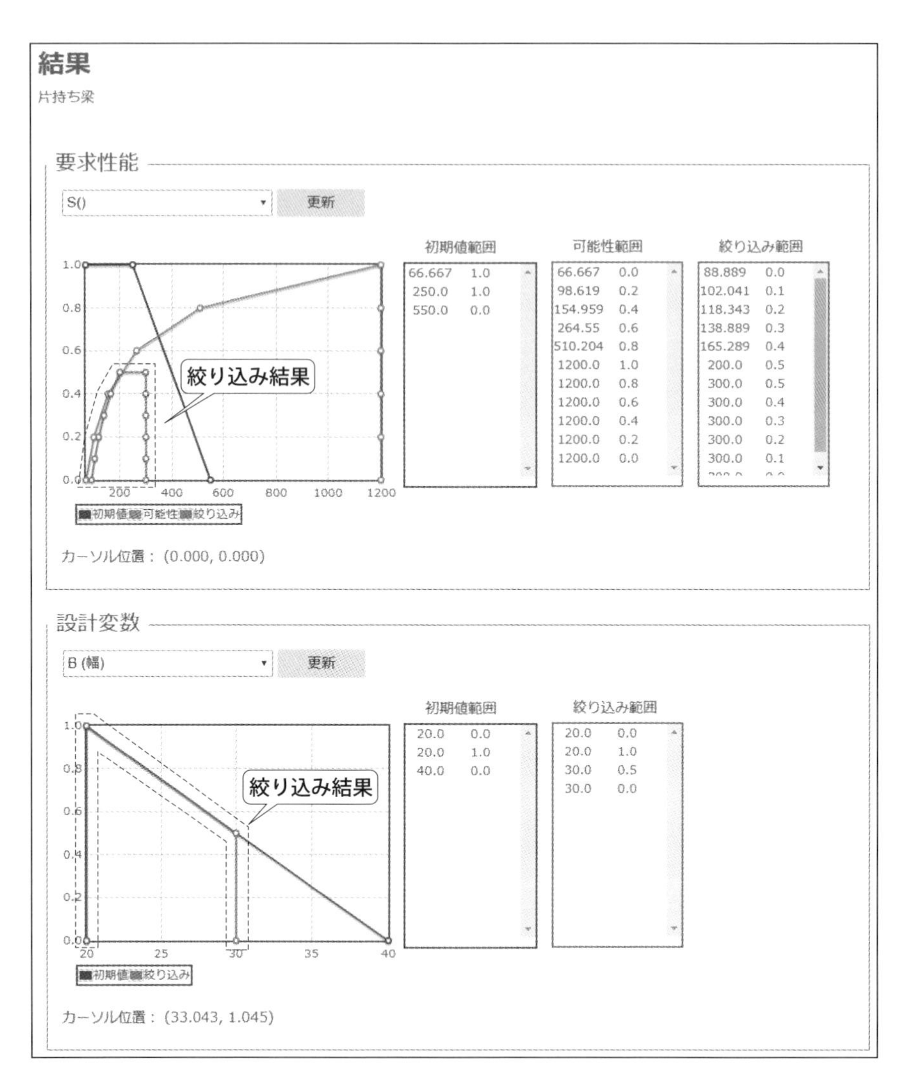

図 3-25　計算結果のグラフと表

3-4 体験版と製品版の違い

この章のはじめに述べたように、体験版ソルバーも製品版ソルバーも基本的な使い方は同じであるが、表 3-1 に示すような仕様・機能において違いがある。また、体験版の画面デザインは、ユーザーのリクエストなどにより変更することがある。

表 3-1　体験版と製品版の違い

	体験版	製品版
計算処理の環境	サーバー	スタンドアロンパソコン
プロジェクト数	5	制限なし
範囲計算手法	粒子群最適化法	粒子群最適化法、範囲伝播理論、遺伝的アルゴリズム
応答曲面法に使える直交表	L_9	L_4, L_8, L_{16}, L_{32}, L_9, L_{27}, L_{12}, L_{18}, L_{36}
近似モデル	2 次関数	線形近似、2 次関数、線形補間、RBF 補間
選好度の分割数	5 分割で固定	1～5 分割から選択可能
各性能の重み付け	重み付けできない	重み付けできる
範囲解がない場合の結果	表示できない	表示できる
範囲解がない場合の原因	表示できない	原因の一端と対策を表示する
計算処理の実行状況	表示機能なし	リアルタイムのステータスバー機能あり
処理結果のグラフ	コピー機能なし 軸の伸縮不可	コピー機能あり 軸の伸縮可
処理結果の数値表	コピー機能なし	コピー機能あり

COLUMN 近年の製品開発の動向③：数値シミュレーション技術（CAE）の発展

コンピュータの処理能力の発展もあって、さまざま物理現象などの近似解を求める数値シミュレーション技術の発展も著しい。具体的には、構造解析、応力解析、振動解析、音響解析、衝撃解析、流体解析、粉体解析、電磁場解析、機構解析、プラズマ解析、流動解析などである。解の精度と安定性（陽解法、陰解法、離散化誤差、丸め誤差、あるいは誤差の伝搬など）に関しても物理現象や課題の種類を考慮して検討されている。手法としては有限要素法が主流である。

数値シミュレーションの特長としては、定量的な解析ができること、パラメータや形状が変更できること、物理実験では危険な事象や不可能な事象もシミュレーションできること、同時に多数のデータを取得できること、実験に比較してコストと時間が軽減できることなどが挙げられる。一方、想定している現象のモデル化、変数の選択、初期条件や境界条件の与え方、動的問題における時間の扱い方などに気を使う必要性がある。たとえば、境界条件を変更すれば、異なる課題を解析していることにもなる。

一方、解析対象のモデル化に関する3DCADが発達して使いやすくなり、数値シミュレーションとの連携も容易になりつつある。たとえば図に示すように、3DCADで作成した3Dモデル（左図）に対して、そのまま数値シミュレーション用の要素分割（右図）をつくることができる。CAEソフトウェアに3DCAD機能がある場合や、3DCADソフトウェアにCAE機能がある場合がある。

CAEの対象の種類は拡大しつつあるが、対象モデルやその解析対象の範囲領域の妥当性の確保や計算自体の精度の補証を得るために、計算機の処理速度と処理容量に大きく依存した繰り返し計算に陥ることや、計算結果の物理的解釈が難しいことが指摘されている。

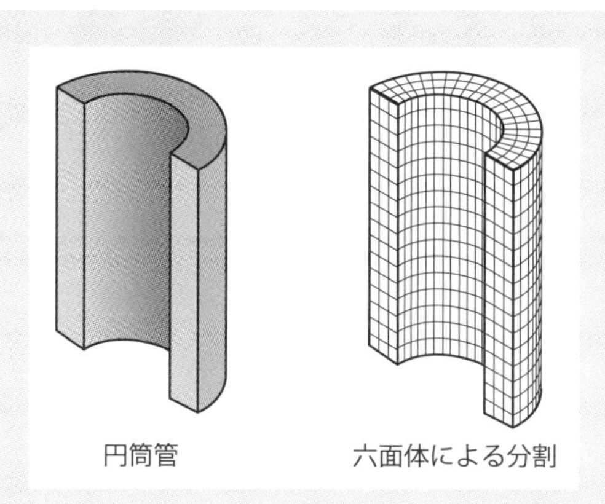

円筒管の 3DCAD モデルにもとづく有限要素分割

CHAPTER 4 材料力学・構造力学への適用

4-1 PSDと材料力学・構造力学

機械や構造物を設計する場合、まずはそれを構成する材料や構造の力学的観点から考えるのが基本である。力学的観点には、機械や構造物を構成する材料の剛性、強度上の安全性、変形特性および振動特性の挙動などが挙げられる。このような、さまざまな種類の外力とそれを受ける材料の微小な線形変形を考えるのが、材料力学や構造力学の一部である。

機械や構造物の力学的設計では、強度、剛性、重量などを要求性能とし、負荷荷重、形状やその寸法などを影響因子とすることが多い。これらの複数の要求性能や影響因子は独立であることが多く、PSDの適用分野としても適切であると考えられる。

4-2 材料力学への適用（関係式が既知の場合）

■ 例題の概要

この節では、図4-1に示す両端支持梁を例題に選んだ。梁の全長はL、断面形状は長方形（幅：B、高さ：H）、荷重Fは一定（4000 N）とし、その負荷位置は右端からl_bとする。目標性能は2種類で、梁の最大たわみd_{max}と質量mである。全長Lが一定（100 mm）のもとで、設計変数は梁の断面の幅B、高さH、荷重点の位置l_bとする。B、Hが大きくなればd_{max}は小さくなるが、mは大きくなる。軽くて最大たわみが小さい梁形状を求めるのだが、荷重点の位置l_bも最大たわみd_{max}に影響を与える。

要求性能と設計変数の関係式は、材料力学を用いれば簡単にわかる。たとえ

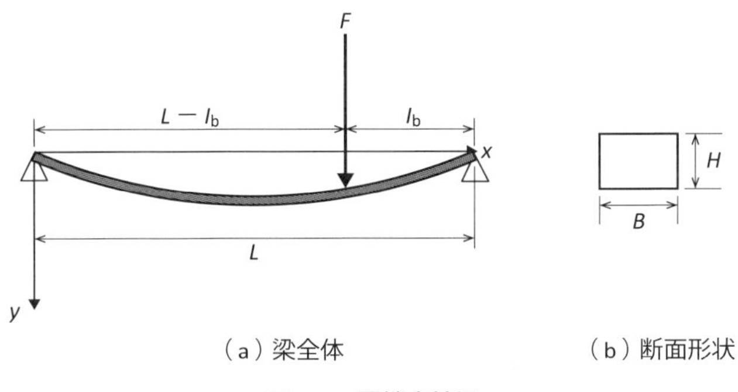

図 4-1　両端支持梁

ば、一つ目の要求性能である最大たわみ $d_{\max}$ は、設計変数を用いると次式のように与えられる。

$$d_{\max} = \frac{Fl_{\mathrm{b}}\sqrt{(L^2 - l_{\mathrm{b}}^2)^3}}{9\sqrt{3}LEI} \qquad (*)$$

ここで、I は断面 2 次モーメント、E は縦弾性係数であり、EI を梁の曲げ剛性という。また、I は次式で与えられる。

$$I = BH^{3/12}$$

材質として鋼材を用いるものとすれば、縦弾性係数 $E = 2.06 \times 10^5\ \mathrm{N/mm^2}$、密度 $\rho = 7.8 \times 10^{-6}\ \mathrm{kg/mm^3}$ であるので、式（$*$）の分母は

$$\begin{aligned} \text{式}(*)\text{の分母} &= 9 \times 1.7321 \times 100 \times 2.06 \times 10^6 \times I \\ &= 321131340 \times BH^3 \end{aligned}$$

二つ目の要求性能である質量 m は、密度 ρ を用いると、

$$m = \rho LBH = 7.8 \times 10^{-6} \times 1000 \times BH$$

である。

PSD ソルバーの適用

PSD ソルバーのプロジェクト名を［両端支持］とし、［編集］から［メインメニュー］に移動する（図 4-2）。

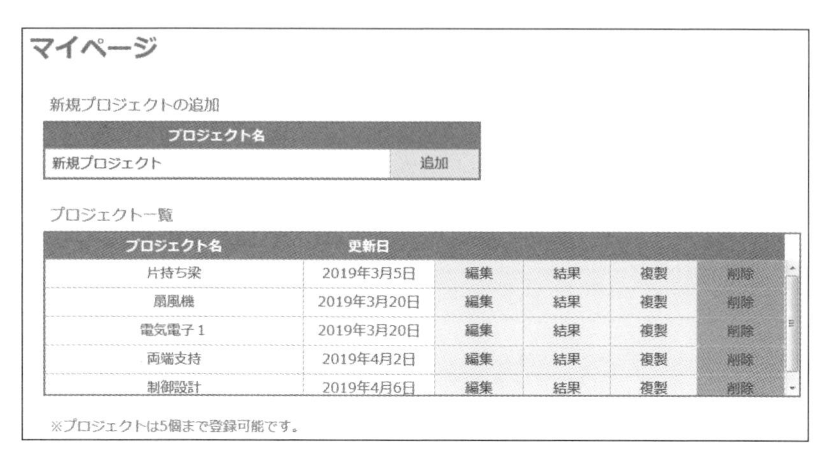

図 4-2　プロジェクトの編集画面

Step 1　定数・設計変数の設定

［①定数］と［②設計変数］は、要求性能と設計変数の関係式に含まれる定数項と設計変数に対応しているので、［③要求性能］の入力以前に入力しておく必要がある。

［①定数］の入力

この例題では、定数として密度 $\rho = 7.8 \times 10^{-6}$ kg/mm^3 を設定する。材料力学的なほかの定数（長さ $L = 100$ mm、荷重 $F = 4000$ N、縦弾性係数 $E = 2.06 \times 10^5$ N/mm^2）は、要求性能と設計変数の関係式に含ませる形とする。

入力画面の一例（密度 ρ）を図 4-3 に示す。図 4-3 のように［定数の追加］から［定数］へ名前［Rho］を入力し、デフォルト値を実際の値に修正し、［更新］を行うと、これらの結果が［定数の選択］に反映される。その際のコメントは、図 4-3 のように密度（kg/mm^3）としてもよいし、無記入でもよい。

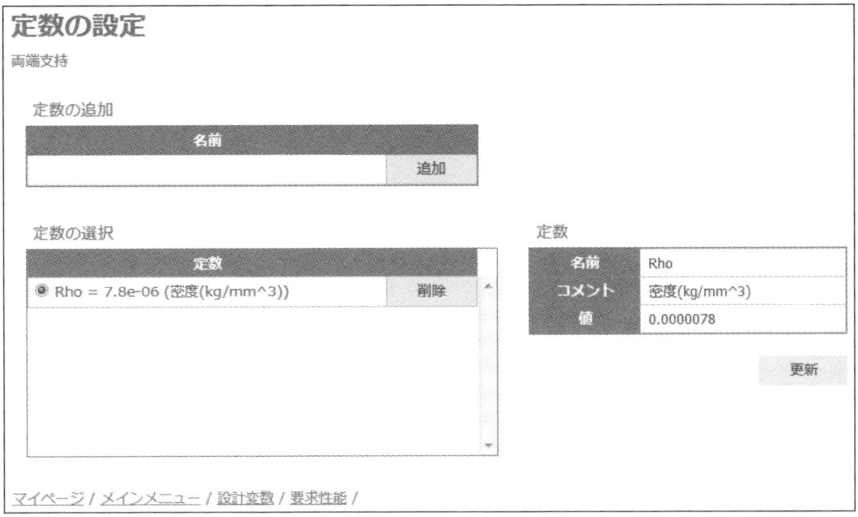

図 4-3　定数 ρ の入力画面

[②設計変数] の設定

設計変数の選好度分布を表 4-1 に、入力画面（高さ H）を図 4-4 に示す。図 4-4 のように［設計変数］へ名前［H］を入力する。最小値、最大値をデフォルト値から表 4-1 の値に修正し、その他の項（制御不可、離散化、離散値）を設定すると、［更新］によりこれらの結果が［設計変数の選択］に反映される。図 4-4 のように、デフォルト値を表 4-1 の値に修正し、［更新］をクリックする。コメントとしては［高さ］を入力した。選好度分布は、図 4-4 の下の図に示すように、左端の選好度を 1 とする三角形状とした。

同様にして、ほかの設計変数（幅 B、荷重点の位置 l_b）についても入力する。選好度分布は、荷重点の位置 l_b は長方形状、幅 B は左端の選好度を 1 とする三角形状とした。

表 4-1　設計変数の選好度分布

設計変数	許容範囲	最良範囲
断面の幅 B [mm]	[20, 40]	20（ポイント値）
断面の高さ H [mm]	[10, 30]	10（ポイント値）
荷重点の位置 l_b [mm]	[10, 30]	[10, 30]

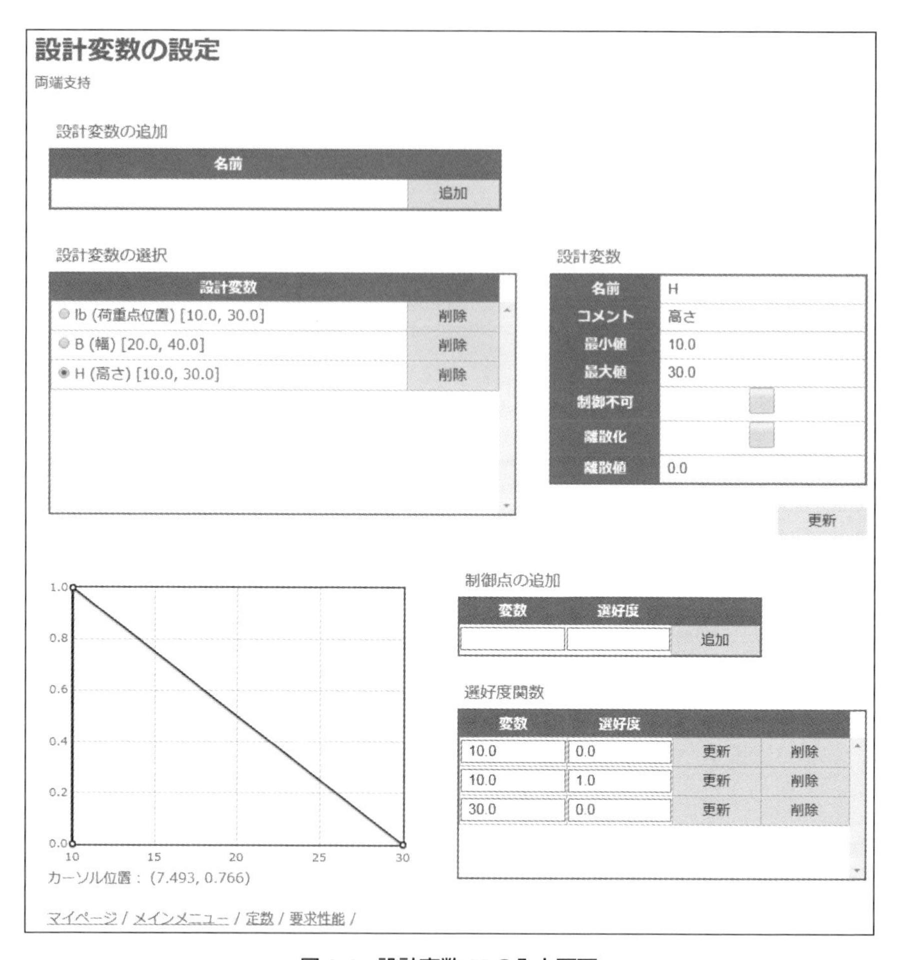

図 4-4　設計変数 H の入力画面

Step 2　要求性能の設定

画面の下にある［要求性能］をクリックする。要求性能の選好度分布を表 4-2 に、入力画面の一例（最大たわみ d_{max}）を図 4-5 に示す。図 4-5 のように、デフォルト値を表 4-2 の値に修正し、［更新］をクリックする。

表 4-2　要求性能の選好度分布および設計変数との関係式

要求性能	関係式	許容範囲	最良範囲
最大たわみ $d_{\max}$ [mm]	$\dfrac{0.0012456 l_{\mathrm{b}} \times \sqrt{(10000 - l_{\mathrm{b}}^{2})^{3}}}{BH^{3}}$	[0.0, 0.6]	[0.0, 0.3]
質量 m [kg]	$100\rho BH$	[0.0, 0.6]	[0.0, 0.4]

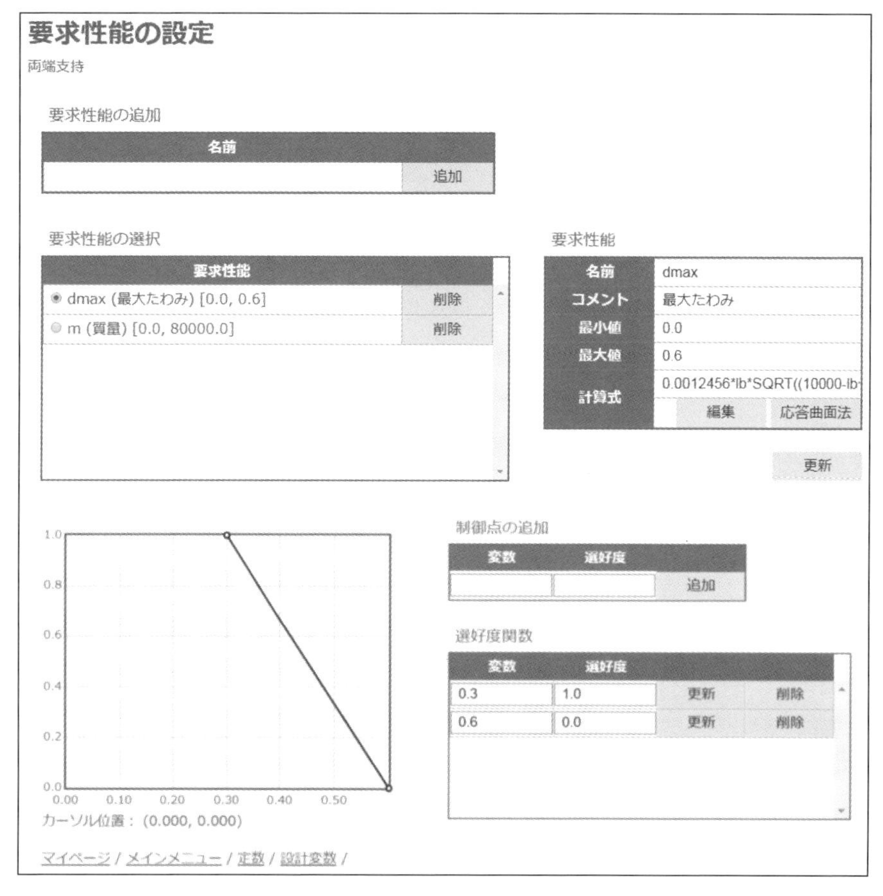

図 4-5　要求性能 $d_{\max}$ の入力画面

Step 3　要求性能と設計変数の関係の定義

要求性能と設計変数の関係式は、この節のはじめに求めた表 4-2 の式を利用する。図 4-5 の［計算式］から［編集］をクリックして関係式の編集画面（図 4-6）に移動する。表 4-2 の最大たわみの式を入力し、［確定］をクリックすると［要求性能の設定］の画面（図 4-5）に戻る。要求性能 m についても同様に入力する。

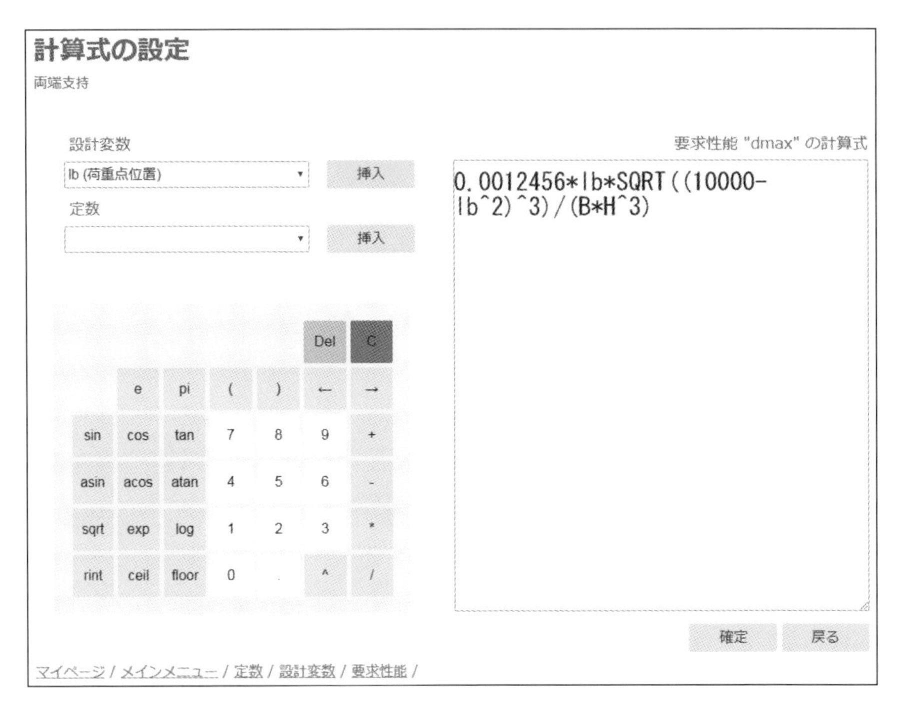

図 4-6　要求性能 d_{max} と設計変数の関係式の編集画面

Step 4　実現可能領域の計算

Step 5　設計変数の絞り込み

設計変数と要求性能に関するすべての設定が終わったので、画面下の［メインメニュー］をクリックして［計算実行］を行う（図 4-7）。

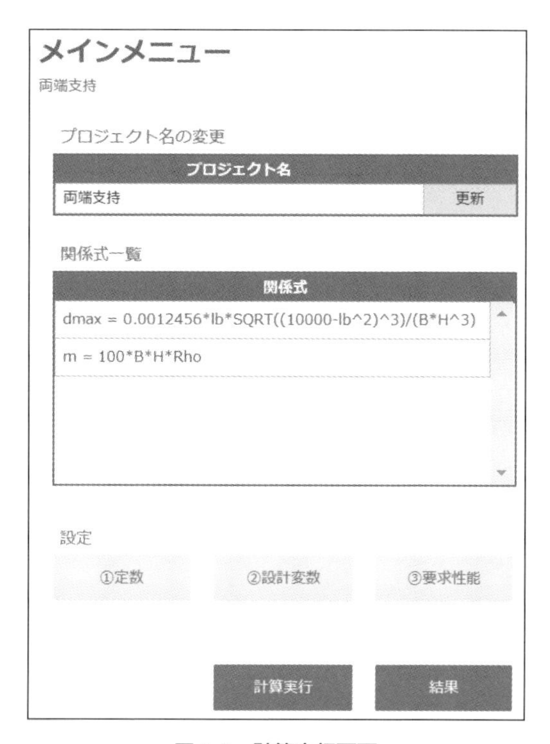

図 4-7　計算実行画面

Step 6　結果の表示

サーバーが混んでいなければ、[計算中です] のメッセージが表示される。

[結果] をクリックすると、図 4-8 のような計算結果が表示される。上の図は要求性能（最大たわみ $d_{\max}$）の結果である。左側のグラフは範囲と選好度分布を示している。右側の表は、グラフを数値として表示した結果である。絞り込み範囲の数値結果表の値を見ると、$d_{\max} = [0.091,\ 0.516]$ の範囲で最大たわみが実現できることがわかる。

質量 m の結果は、要求性能の枠中のプルダウンから選択し、[更新] をクリックすれば表示される（図 4-9）。$m = [0.273,\ 0.468]$ の範囲内で質量が実現できることがわかる。

また、図 4-8 の下の図は設計変数の結果（高さ H）である。ほかの設計変数の結果は、要求性能と同様、プルダウンから選択して表示できる。

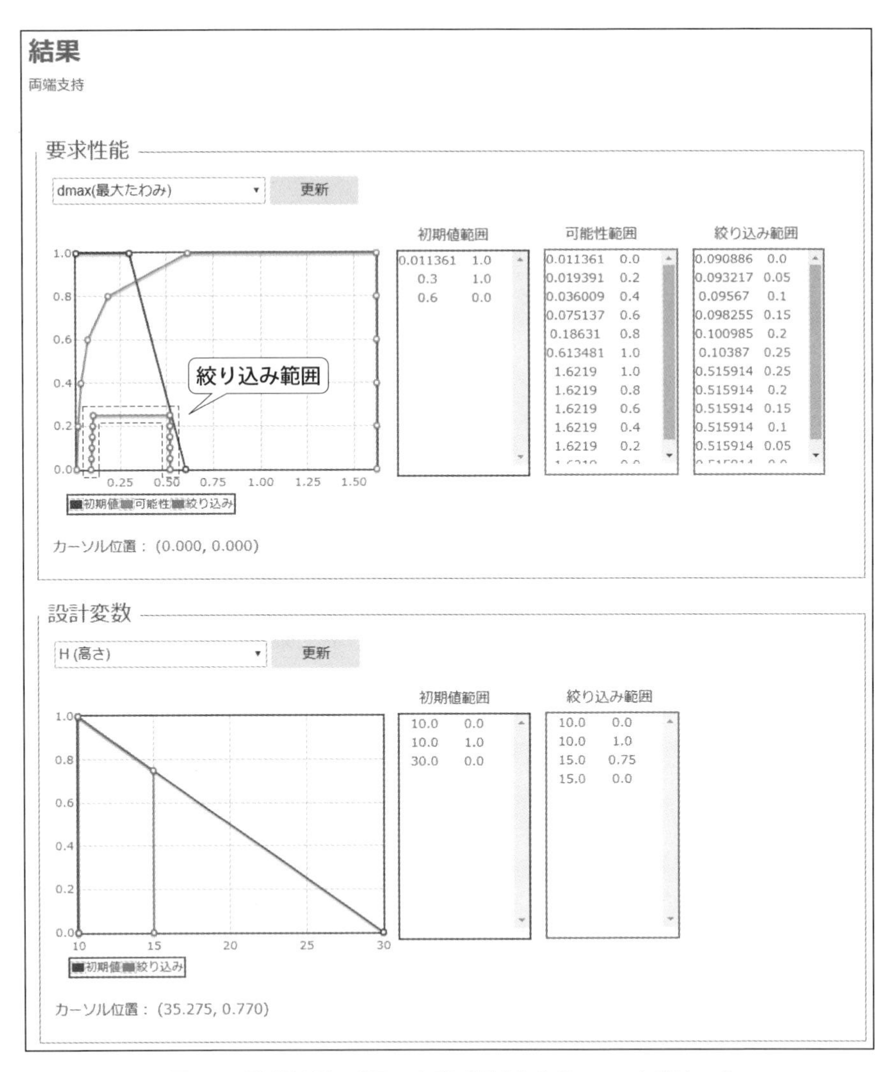

図 4-8 計算結果のグラフと表（最大たわみ $d_{\max}$ と高さ H）

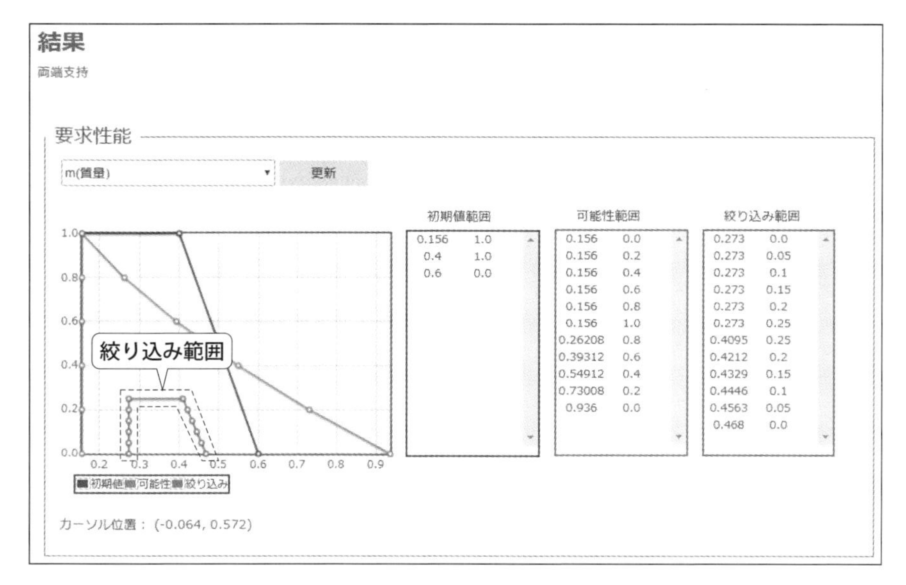

初期値範囲	
0.156	1.0
0.4	1.0
0.6	0.0

可能性範囲	
0.156	0.0
0.156	0.2
0.156	0.4
0.156	0.6
0.156	0.8
0.156	1.0
0.26208	0.8
0.39312	0.6
0.54912	0.4
0.73008	0.2
0.936	0.0

絞り込み範囲	
0.273	0.0
0.273	0.05
0.273	0.1
0.273	0.15
0.273	0.2
0.273	0.25
0.4095	0.25
0.4212	0.2
0.4329	0.15
0.4446	0.1
0.4563	0.05
0.468	0.0

図 4-9　計算結果のグラフと表（質量 m）

■ 適用結果の検討

求められた設計変数の範囲内のポイント値の組み合わせが 2 性能の範囲解に入っているかどうかを確認する。具体的には、設計変数のポイント値の組み合わせを関係式(∗)に代入し、その結果が各性能の絞り込み範囲内に入るかどうか検討する。

3 設計変数のポイント値を範囲解の最小値の組み合わせ、および最大値の組み合わせとし 2 性能値を求めると、表 4-3 のようになる。いずれも性能の絞り込みの範囲に入っていることがわかる。したがって、求められた範囲内の設計変数のポイント値であれば、ポイント値をどのように組み合わせても、要求性能の目標範囲を満たしていることがわかる。

表 4-3 設計変数の範囲解の検証

	最大たわみ d_{max}	質量 m
最小値の組み合わせ	0.351	0.273
最大値の組み合わせ	0.134	0.468

4-3 構造力学への適用（関係式が未知の場合）

■ 例題の概要

この節では、乗用車のプラットフォームに対応するトラックのシャシ（図4-10）を模擬した形状（ラダーフレーム構造）を例題に選んだ。シャシはトラックにおける荷物の耐荷重性、衝突安全性、乗員の乗り心地性などの観点上、最重要ともいえる構造である。この例題では、シャシ構造と衝突負荷の形式だけを模擬し、実際には静的微小変形の構造強度問題とした。したがって図4-11に示すように、計算対象の構造は上から見た2次元形状（厚さ一定：10 mmの平面ひずみ問題の形状）とし、上下対称問題として対称性の境界条件を設定した（○印：境界の法線方向のみ拘束、×印：法線、接線の両方向を拘束）。外力は、左側フレームの中心領域の半幅に1000 Nの負荷とした。材質は鋼であり、その縦弾性係数 E とポアソン比 ν は、それぞれ $E = 2.06 \times 10^5$ N/mm^2、$\nu = 0.3$ である。要求性能は強度の確保と重量の軽量化とし、設計変数は両側のフレームをつなぐクロスメンバーの本数と幅とした。

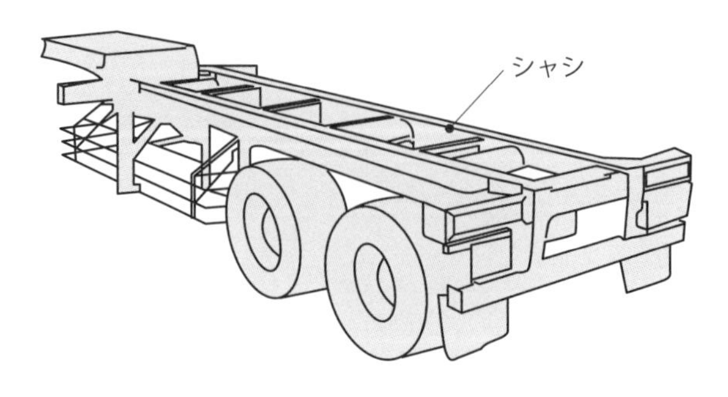

図 4-10 トラックのシャシ

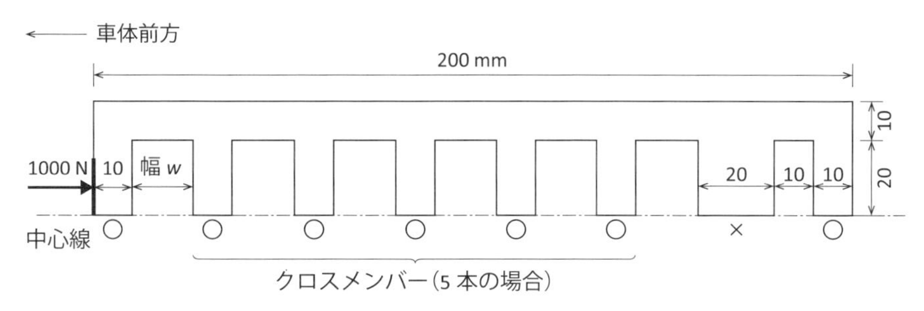

図 4-11　シャシフレームの模擬モデル（ラダーフレーム構造）

■ PSD ソルバーの適用

PSD ソルバーのプロジェクト名を［構造力学］とし、［編集］から［メインメニュー］に移動する（図 4-12）。

図 4-12　プロジェクトの編集画面

Step 1　定数・設計変数の設定

この例題では、メインメニューの［①定数］の入力は不要なので、［②設計変数］［③要求性能］の順に入力していく。

設計変数と選好度分布を表 4-4 に、入力画面の一例（クロスメンバーの本数 n）を図 4-13 に示す。n は離散値なので［離散化］にチェックが入っている。

図 4-13 のように、デフォルト値を表 4-5 の値に修正し、[更新] をクリックする。選好度分布は、図 4-13 の下の図に示すように、許容範囲と最良範囲が同一となるようにした。

表 4-4 設計変数の選好度分布

設計変数	許容範囲	最良範囲
クロスメンバーの本数 n	[2, 8]	[2, 8]
クロスメンバーの幅 w [mm]	[6, 14]	[6, 14]

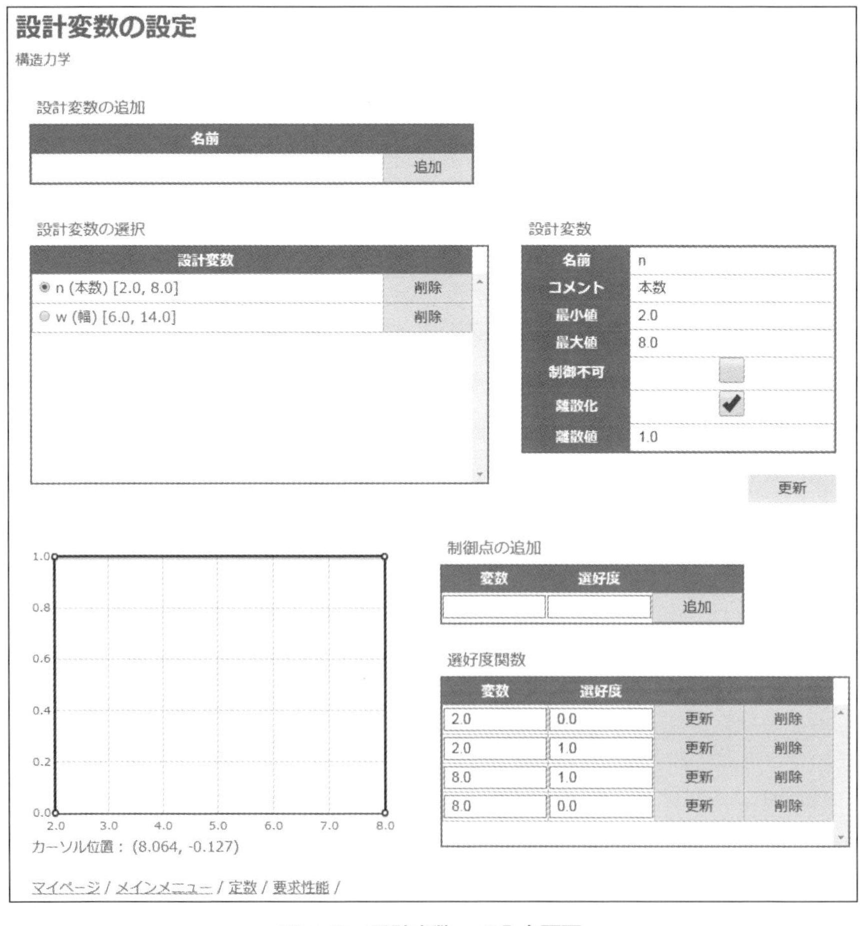

図 4-13 設計変数 n の入力画面

設計変数 w についても同様に入力する。

Step 2　要求性能の設定

画面の下にある［要求性能］をクリックする。要求性能と選好度分布を表 4-5 に示す。強度性能として最大主応力 s、重量性能としてシャシ全体の面積 area をとる。入力画面の一例（最大主応力 s）を図 4-14 に示す。図 4-14 のように、デフォルト値を表 4-5 の値に修正し、［更新］をクリックする。要求性能 area についても同様に入力する。

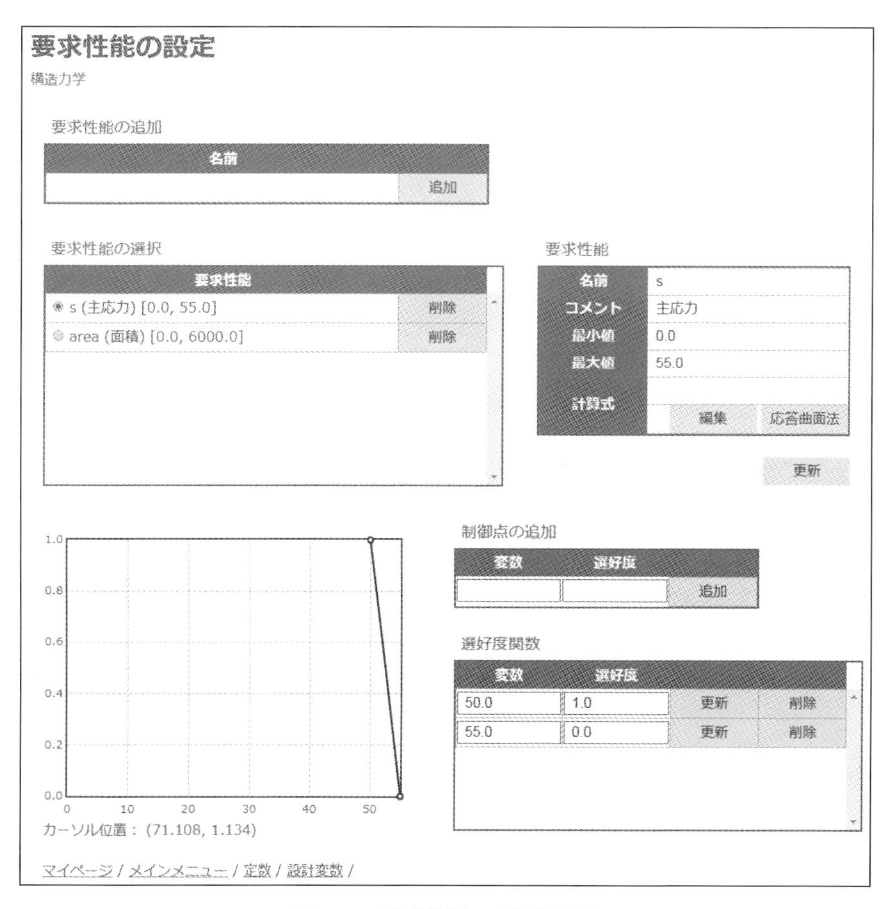

図 4-14　要求性能 s の入力画面

表 4-5 要求性能と選好度分布

要求性能	許容範囲	最大範囲
最大主応力 s [N/mm^2]	[0, 55]	[0, 50]
面積 area [mm^2]	[0, 6000]	[0, 4500]

これらの値は、有限要素法の計算によって推定しながら決めることが多い。なお、この例題を要素分割すると図 4-15 のようになる。要素は 8 節点四角形要素（アイソパラメトリック要素）である。要素数は、クロスメンバーが 2 本の場合で 1132 個、8 本の場合で 1888 個である。

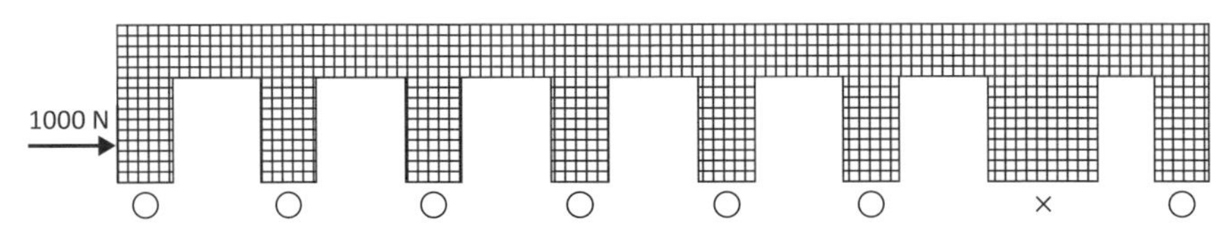

図 4-15 模擬モデルの要素分割

Step 3 要求性能と設計変数の関係の定義

要求性能と設計変数の関係式は、応答曲面法の直交表で求める。図 4-15 の［計算式］から［応答曲面法］をクリックして、直交表の入力画面（図 4-16）に移動する。［直交表］を選び、［ファイルを選択］でテキストファイル（図 4-17）を選び、［読み込み］をクリックする。また、図 4-16 の［使用係数設定］で、応答曲面式を構成する多項式の係数を決める。さらに、同図の［変数セット］で、PSD ソルバーで用意している設計変数名 A，B と実際の設計変数の対応も決める。

図 4-16　L_9 直交表の入力画面

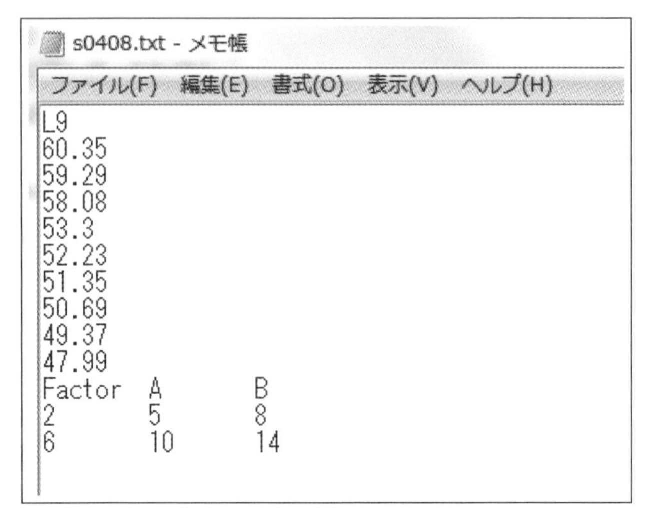

図 4-17　直交表に用いる要求性能 s のテキストファイル

これらの準備のうえで［計算］をクリックすると、図 4-18 のように結果が表示される。相関係数は 0.9995 で、かなりよい相関となっていることがわかる。この結果を用いる場合は、［確定］をクリックして［要求性能の設定］の画面（図 4-15）に戻る。［主応力 s］を選択すると、［要求性能］の［計算式］に先ほど求めた応答曲面式が格納されていることがわかる。

要求性能 area についても同様に計算すると、応答曲面式は

$$
\begin{aligned}
\mathrm{RS}：&613.3333333332436 + 86.66666666666625n^2 \\
&+ 20.000000000004338n + 4.999999999999127w^2 \\
&+ 130.00000000001776w
\end{aligned}
$$

となる。相関係数は 0.9945 であり、よい相関になっている。

応答曲面法

要求性能 "s"

関係式

RS:68.95990740740517+0.22240740740740123*n^2-3.872407407407339*n-0.00020833333335582038*w^2-0.28416666666620854*w

相関係数： 0.999533313898489

確定　データ再入力

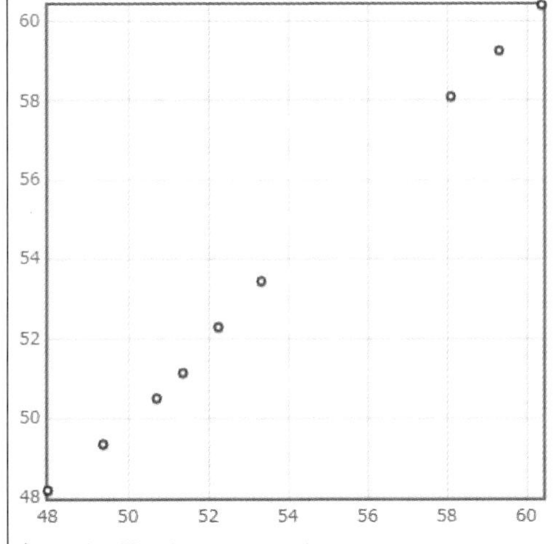

実測値	予測値
60.35	60.39222222222204
59.29	59.24222222222244
58.08	58.08555555555544
53.3	53.44555555555545
52.23	52.29555555555584
51.35	51.13888888888884
50.69	50.50222222222207
49.37	49.35222222222246
47.99	48.19555555555546

カーソル位置： (0.000, 0.000)

要求性能 / 応答曲面法 データ入力 /

図 4-18　要求性能 s の関係式と相関関係

Step 4 実現可能領域の計算

Step 5 設計変数の絞り込み

設計変数と要求性能に関するすべての設定が終わったので、画面下の［メインメニュー］をクリックして［計算実行］を行う（図 4-19）。

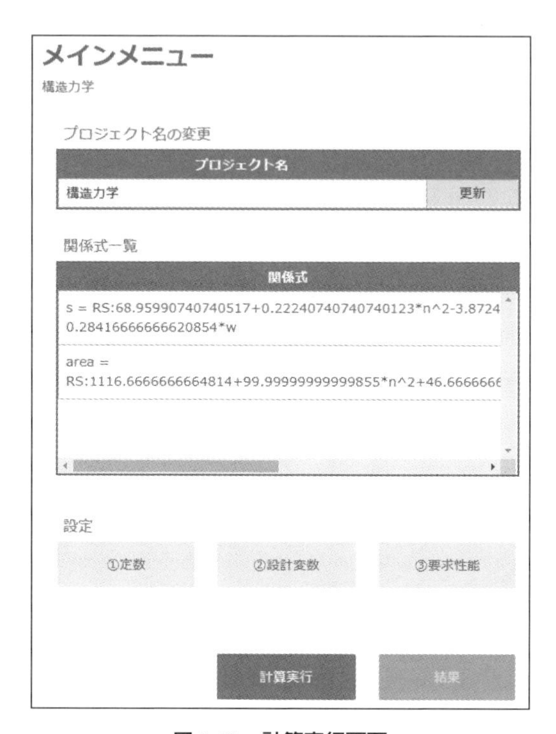

図 4-19 計算実行画面

Step 6 結果の表示

サーバーが混んでいなければ、［計算中です］のメッセージが表示される。

［結果］をクリックすると、図 4-20 のような計算結果が表示される。上の図は要求性能（主応力 s）の結果である。左側のグラフは範囲と選好度分布を示している。右側の表は、グラフを数値として表示した結果である。絞り込み範囲の数値結果表の値を見ると、s = ［51.44, 53.15］の範囲で主応力が実現できることがわかる。

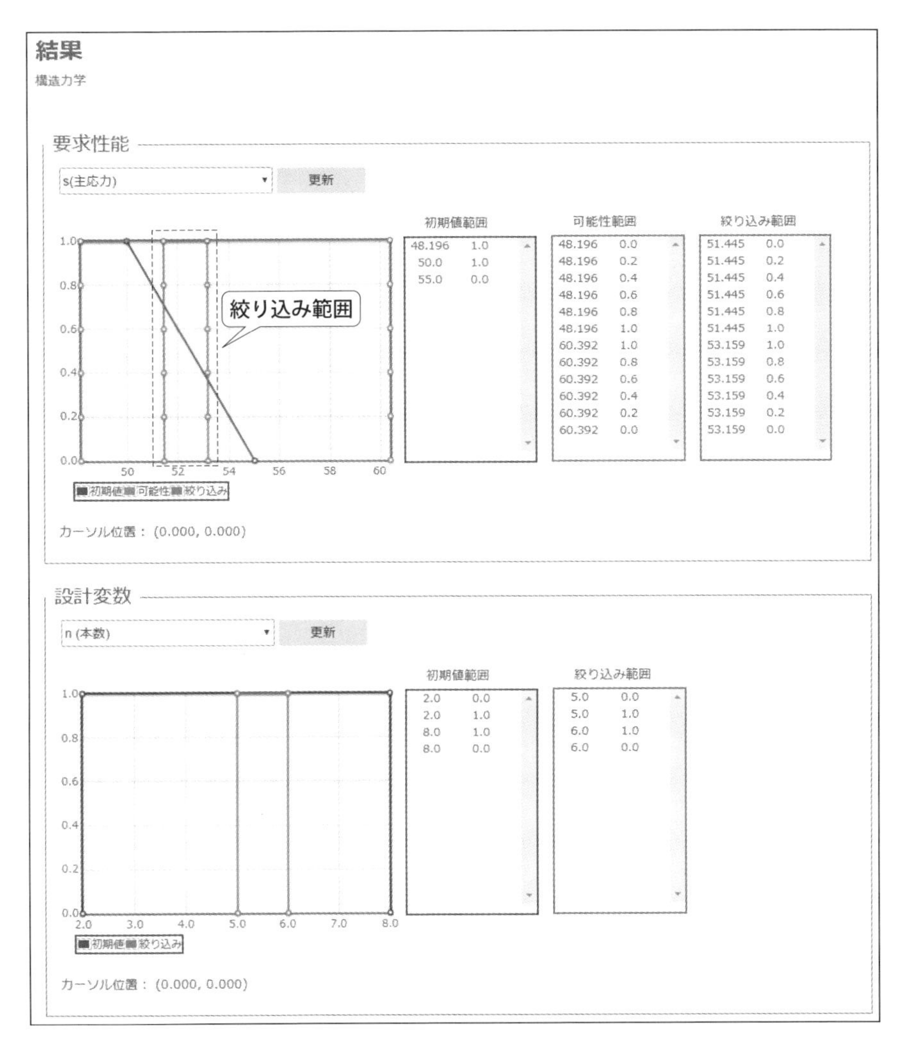

図 4-20　計算結果のグラフと表

面積 area の結果は、要求性能の枠中のプルダウンから選択し、［更新］をクリックすれば表示される。area = ［4033.0, 5213.3］の範囲内で質量が実現できることがわかる。

また、下の図は設計変数（クロスメンバーの本数 n）の結果である。設計変数 w の結果は、要求性能と同様、プルダウンから選択して表示できる。

適用結果の検討

求められた設計変数の範囲内のポイント値の組み合わせが2性能の範囲解に入っているかどうかを確認する。具体的には、設計変数のポイント値の組み合わせを応答曲面式に代入し、その結果が各性能の絞り込み範囲内に入るかどうか検討する。

2性能の絞り込み範囲は表4-6である。2設計変数のポイント値を範囲解の最小値の組み合わせ、および最大値の組み合わせ（表4-7）として2性能値を求めると、表4-8のようになる。いずれも性能の絞り込みの範囲にまったく重なるように入っていることがわかる。したがって、求められた範囲内の設計変数のポイント値であれば、ポイント値をどのように組み合わせても、要求性能の目標範囲を満たしていることがわかる。

表4-6 要求性能の絞込み範囲

要求性能	最大主応力 s	面積 area
絞り込み範囲	[51.44, 53.15]	[4035.0, 5213.3]

表4-7 設計変数の絞り込み結果の最小値、最大値

設計変数	本数 n	幅 w
最小値	5	7.0
最大値	6	8.0

表4-8 設計変数の範囲解の検証

要求性能	最大主応力 s	面積 area
最小値の組み合わせ	53.15	4035
最大値の組み合わせ	51.44	5213.3

4-4 適用分野

材料力学は、材料に荷重が負荷した場合の変形状態を理解するための基礎的な考え方である。おもに梁の変形に注目し、片持ち梁や両端支持梁の静定・不静定問題などを対象としている。要求性能としては変形や応力、設計変数としては梁の断面形状などに関わる寸法､負荷や拘束条件の種類や位置などである。

構造力学は、力学を応用した構造物の基礎となる分野である。典型的には建築物、橋梁、高架道路、車両、船舶、航空機などの比較的大型の構造を対象としている。しかしたとえば、エアコンの熱交換器の構造、掃除機の送風機の構造やノズル構造といった日常生活で使う家電製品も対象になりうる。構造力学における要求性能としては、一般的に強度（疲労強度を含む)、剛性、軽量性、耐震性、メンテナンス性、レイアウト性、材料や建造のためのコストなどがある。設計変数としては、形状とその寸法、材質（剛性、質量、熱伝導性など)、加工性（塑性加工性など)、溶接性などがある。

以上のように、材料力学、構造力学どちらにおいても、複数の要求性能を実現するために複数の設計変数が必要であるという図式は変わらない。したがって、PSD によりさまざまな材料力学や構造力学の問題を解くことができる。

COLUMN　近年の製品開発の動向④：1D 設計

1D 設計とは、製品の初期設計・概念設計を行うにあたって、製品を構成する要素の形状から設計するのではなく、それらの機能から設計する手法である。1D 設計は 1DCAE ともいわれるが、ここでいう CAE はいわゆるシミュレーションだけではなく、本来の computer aided engineering を意味する。

例として、天井からバネとダッシュポットで吊り下げられた物体の振動問題を考える。通常の設計では、構造（バネコイルの太さや全長、物体の材質など）を CAE ソフトで実現してシミュレーションを行う。一方、1D 設計では、振動に影響を与える機能（バネ定数 k、粘性減衰係数 c、質量 m）を物理モデルシミュレーションで解析する。こうすることで、構造にとらわれない柔軟な製品設計が可能になる。

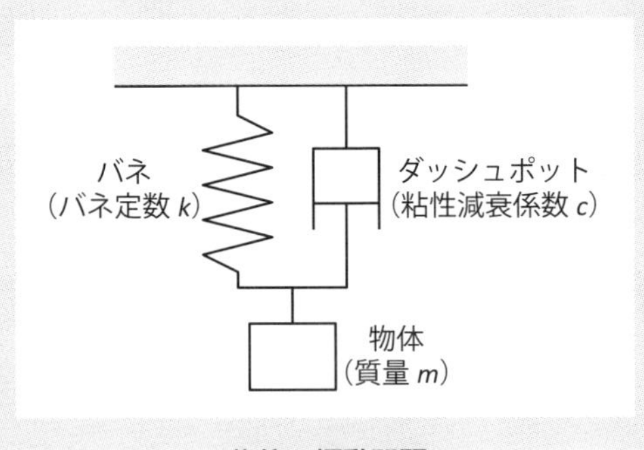

物体の振動問題

CHAPTER 5 機構設計への適用

5-1 PSDと機構設計

掃除機、扇風機、空調機、洗濯機、フードプロセッサー、ヘアドライヤーなどの製品の内部では、モータなどの運動を必要な運動に変換させることで、特定の機能を実現している。このような運動を変換するメカニズムのことを機構とよぶ。機構学で扱う具体的な機構には、回転運動を伝達する歯車機構、同じ回転運動でも回転軸が比較的離れた回転運動を伝達するチェーンやベルトによる機構、回転運動と往復運動に関連するカム機構やリンク機構などがある。

以上のように多くの種類の機構があるが、いずれも機構を構成する要素間の幾何学的関係と駆動源となる要素の運動状態を入力としている。出力としては、その機構で得たい機構要素の運動状態になる。こうしたメカニズム（システム）の入出力の構図という意味で、機構設計もPSDソルバーの適用対象になりうる。

5-2 首振り機構への適用

■ 例題の概要

機構学では、四つの剛体棒（リンク）を図5-1のようにつなげた4節リンク機構が知られている。この機構は、隣り合った二つの剛体を相互に運動させる。図5-1では棒状をしているが、たとえばリンクaの外形は、点線で示した舟形状の剛体a′でもよい。重要なのは回転中心O_{ab}とO_{da}の位置である。4節リンク機構のリンク一つを固定し、ほかの一つのリンクを回転させることにより得られる機構の一つに、両てこ機構（図5-2）がある。

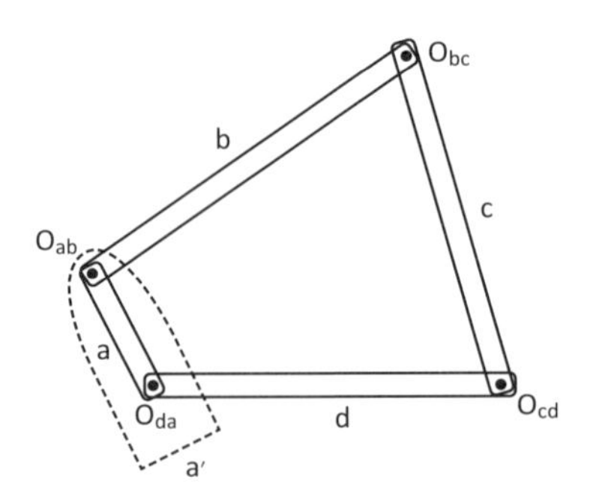

図 5-1 4節リンク機構

この章では、この両てこ機構を例題に選んだ。両てこ機構は、最短リンク c の対辺のリンク a を固定リンクにし、最短リンクを駆動リンクとして全回転させることによって、両側のリンク（b と d）に揺動運動（てこ運動）を与える機構である。全回転するリンク a の回転中心は O_{bc}、揺動運動するリンク b, d の回転中心は O_{ab} と O_{da} である。この機構の応用例として、扇風機の首振り装置がある（図 5-3）。扇風機のモータがリンク b であり、これからウォームギアによりクランク c が全回転する。a は固定リンクで、扇風機の台座の部分に相当する。その結果、機構としては両てこ機構となり、モータに取り付けたファンが首を振ることになる。ただし、一般的にはクランク c の全回転角速度が一定であっても、両てこの揺動速度は一定ではない。

図 5-3 に示す扇風機の首振り機構では、一般的に首振りの角度範囲、首振りの速度が性能として求められる。そこでこの装置の性能としては、首振りの

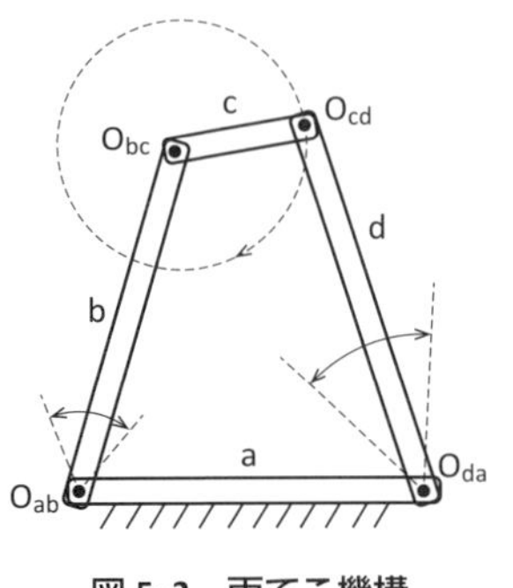

図 5-2 両てこ機構

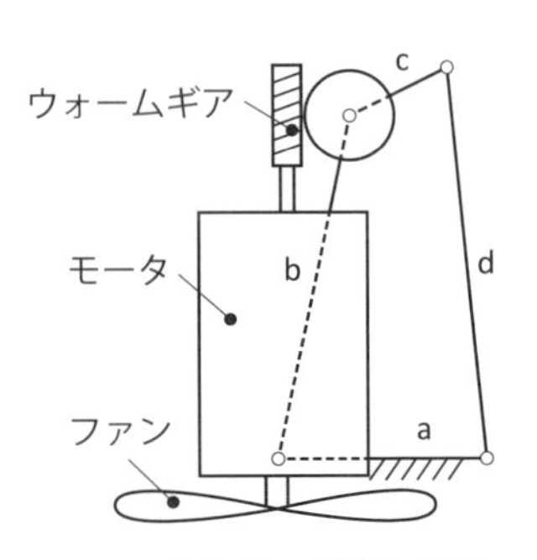

図 5-3 扇風機の首振り機構

角度範囲 kakudo と首振りの回転角速度の平均値 averv を用いる。これらの性能に影響を与える設計変数として、リンク b，c の長さ l_b，l_c およびリンク c の回転角速度 rv を用いる。

■ PSD ソルバー適用のための準備

設計変数の初期範囲を表 5-1 に、要求性能の選好度分布を表 5-2 に示す。表 5-2 は、許容範囲と最良範囲が同じで、範囲内であればどこでもよいことを表している。

表 5-1 設計変数の選好度分布

設計変数	許容範囲	最良範囲
リンクの b 長さ l_b [mm]	[150, 180]	[160, 170]
リンク c の長さ l_c [mm]	[50, 70]	[55, 65]
リンク c の回転角速度 rv [deg/s]	[3, 7]	[4, 6]

表 5-2 要求性能の選好度分布

要求性能	許容範囲	最良範囲
角度範囲 kakudo [deg]	[50, 100]	[50, 100]
平均回転角速度 averv [deg/s]	[60, 100]	[60, 100]

この例題では、応答曲面式を求めるために実験計画法の直交表を使ってデータを用意する。各設計変数の水準としては 3 水準の値（表 5-3）を用いる。表中の A, B, C は l_b，l_c，rv に対応した PSD ソルバー側の変数名を示している。要求性能は 2 種類であるので、L_9 直交表を用いる。表 5-4 に、L_9 直交表への設計変数の割り付けと要求性能の値を示す。要求性能の値は、L_9 直交表における各設計変数の値の組み合わせに対して、機構解析ソフトウェア Adams（MSC Software Corporation）で計算した値である。

表 5-3　3 設計変数の 3 水準値

A (l_b)	B (l_c)	C (rv)
150	50	3
165	60	5
180	70	7

表 5-4　L_9 直交表への設計変数の割り付けと要求性能の値

設計変数			要求性能	
l_b	l_c	rv	kakudo	averv
150	50	3	63.7	65.88
150	60	5	76.73	137.42
150	70	7	102.98	266.23
165	50	5	62.82	105.3
165	60	7	76.34	206.72
165	70	3	108.26	127.51
180	50	7	62.62	153.85
180	60	3	89.45	100.3
180	70	5	88.63	157.71

■ PSD ソルバーの適用

PSD ソルバーのプロジェクト名を［扇風機］とし、［編集］から［メインメニュー］に移動する（図 5-4）。

図 5-4　プロジェクトの編集画面

Step 1　定数・設計変数の設定

この例題では、メインメニューの［①定数］の入力は不要なので、［②設計変数］［③要求性能］の順に入力していく。

入力画面の一例（リンク b の長さ l_b）を図 5-5 に示す。図 5-5 のように、デフォルト値を表 5-1 の値に修正し、［更新］をクリックする。選好度分布は、中心領域の選好度を 1 とする台形状とした。ほかの設計変数についても同様に入力する。

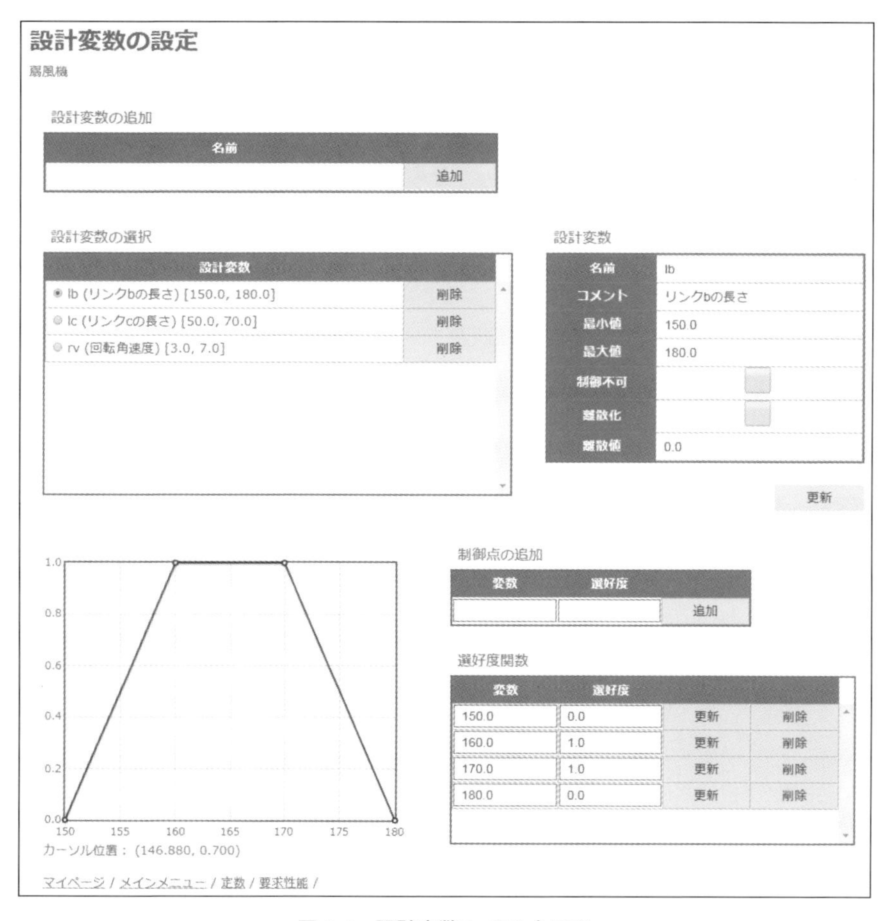

図 5-5　設計変数 l_b の入力画面

Step 2　要求性能の設定

画面の下にある［要求性能］をクリックする。入力画面の一例（平均回転角速度 averv）を図 5-6 に示す。図 5-6 のように、デフォルト値を表 5-2 の値に修正し、［更新］をクリックする。選好度分布は、許容範囲と最良範囲が一致する長方形状とした。要求性能 kakudo についても同様に入力する。

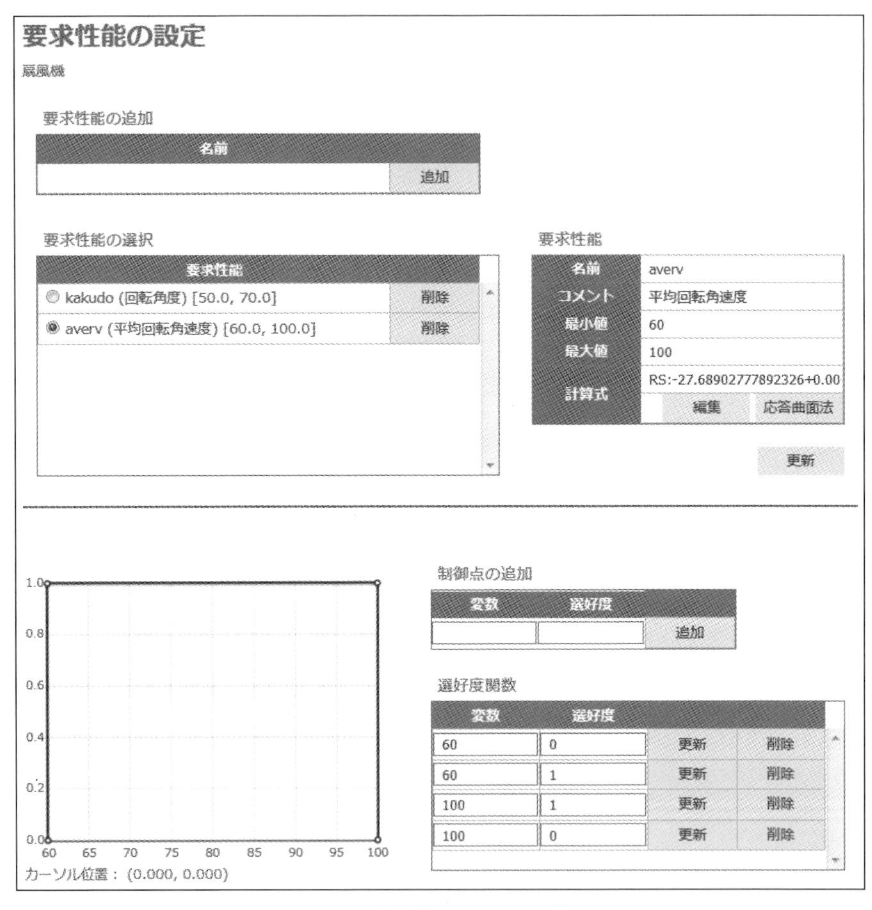

図 5-6　要求性能 averv の入力画面

Step 3　要求性能と設計変数の関係の定義

要求性能と設計変数の関係式は、応答曲面法の直交表で求める。図 5-6 の［計算式］から［応答曲面法］をクリックして、直交表の入力画面（図 5-7）に移動する。［直交表］を選び、［ファイルを選択］でテキストファイル（図 5-8）

応答曲面法

要求性能 "averv"

計算　戻る

データ点　直交表

File: ファイルを選択 選択されていません 読み込み

○L4 ○L8 ○L16 ○L32

◉L9 ○L27 ○L12 ○L18 ○L36

	1	2	3	4	データ値
1	1	1	1	1	
2	1	2	2	2	
3	1	3	3	3	
4	2	1	2	3	
5	2	2	3	1	
6	2	3	1	2	
7	3	1	3	2	
8	3	2	1	3	
9	3	3	2	1	

要因	--- ▼	--- ▼	--- ▼	--- ▼
水準1の値				
水準2の値				
水準3の値				

使用係数設定

1次項

全てON　全てOFF

☑A ☑B ☑C

2次項

全てON　全てOFF

☑A ☑B ☑C

相関項

全てON　全てOFF

☐AB ☐AC ☐BC

変数セット

変数記号	変数名
A	lb
B	lc
C	rv

※ドラッグで入れ替えが可能

要求性能

図 5-7　直交表 L_9 の入力画面

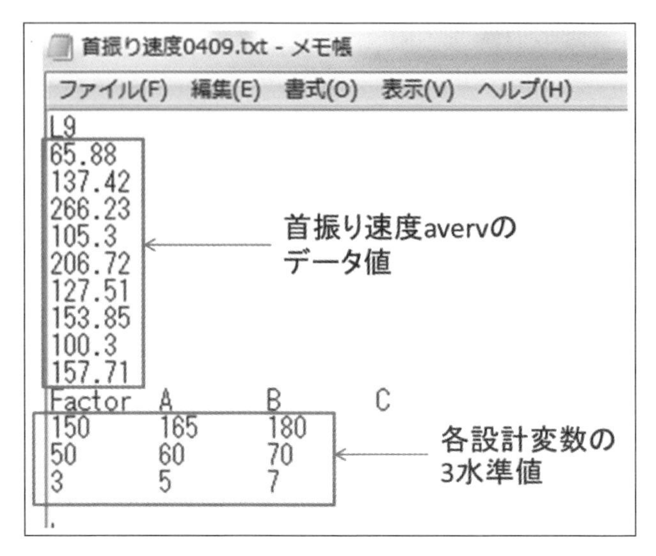

図 5-8　直交表に用いる要求性能 averv のテキストファイル

データ点　直交表

File: ファイルを選択 首振り速度0409.txt　読み込み

○L4　○L8　○L16　○L32

◉L9　○L27　○L12　○L18　○L36

	1	2	3	4	データ値
1	1	1	1	1	65.88
2	1	2	2	2	137.42
3	1	3	3	3	266.23
4	2	1	2	3	105.3
5	2	2	3	1	206.72
6	2	3	1	2	127.51
7	3	1	3	2	153.85
8	3	2	1	3	100.3
9	3	3	2	1	157.71

要因	A ▾	B ▾	C ▾	--- ▾
水準1の値	150	50	3	
水準2の値	165	60	5	
水準3の値	180	70	7	

図 5-9　要求性能 averv に関するデータの直交表への読み込み結果

を選び、[読み込み]をクリックする。その結果、図 5-7 の直交表にテキストファイルの数値が入力される（図 5-9）。また、図 5-7 の［使用係数設定］で、応答曲面式を構成する多項式の係数を決める。さらに、同図の［変数セット］で、PSD ソルバーで用意している設計変数名 A, B, C と実際の設計変数の対応も決める。

これらの準備のうえで［計算］をクリックすると、図 5-10 のように結果が

応答曲面法

要求性能 "averv"

関係式

RS:-27.68902777892326+0.0017259259259017144*lb^2-1.2103333333253117*lb-0.020666666666799748*lc^2+6.25366666668271*lc+4.984583333332907*rv^2-22.08666666662293*rv

相関係数： 0.9909045742986099

確定　データ再入力

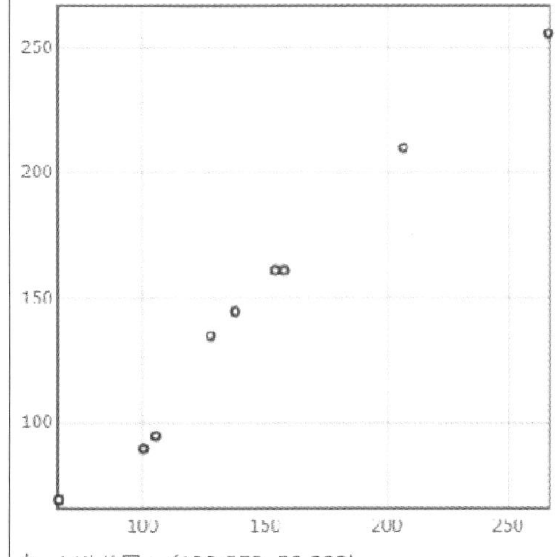

実測値	予測値
65.08	69.21222222221398
137.42	144.5955555555633
266.23	255.7222222222159
105.3	94.79222222222187
206.72	210.0522222222344
127.51	134.6855555555547
153.85	161.0255555555487
100.3	89.79222222222897
157.71	161.0422222222183

カーソル位置： (129.859, 36.889)

要求性能 / 応答曲面法 データ入力 /

図 5-10　要求性能 averv の関係式と相関関係

表示される。相関係数は 0.9909 で、かなりよい相関となっていることがわかる。この結果を用いる場合は、[確定] をクリックして [要求性能の設定] の画面（図 5-6）に戻る。[平均回転角速度 averv] を選択すると、[要求性能] の [計算式] に先ほど求めた応答曲面式が格納されていることがわかる。

Step 4　実現可能領域の計算

Step 5　設計変数の絞り込み

設計変数と要求性能に関するすべての設定が終わったので、図 5-6 の画面下の [メインメニュー] をクリックして [計算実行] を行う（図 5-11）。

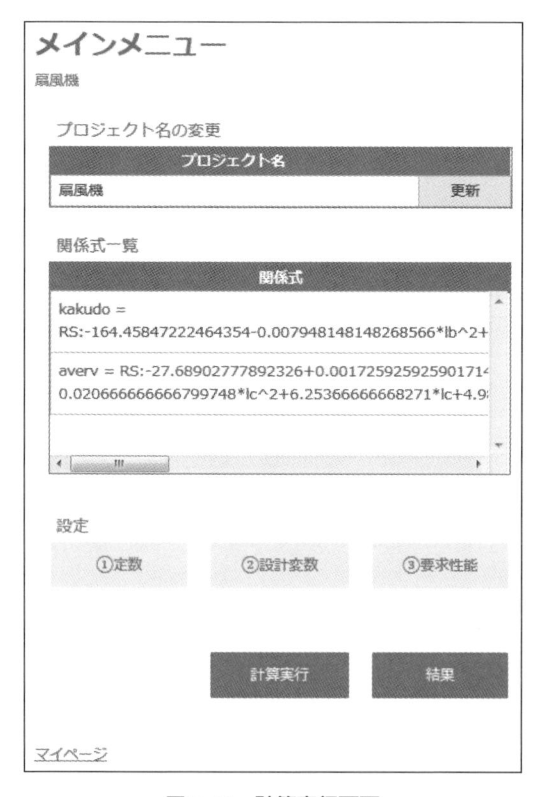

図 5-11　計算実行画面

Step 6　結果の表示

サーバーが混んでいなければ、［計算中です］のメッセージが表示される。

［結果］をクリックすると、図 5-12 のような計算結果が表示される。上の図は要求性能（平均回転角速度 averv）の結果である。左側のグラフは範囲と選好度分布を示している。右側の表は、グラフを数値として表示した結果であ

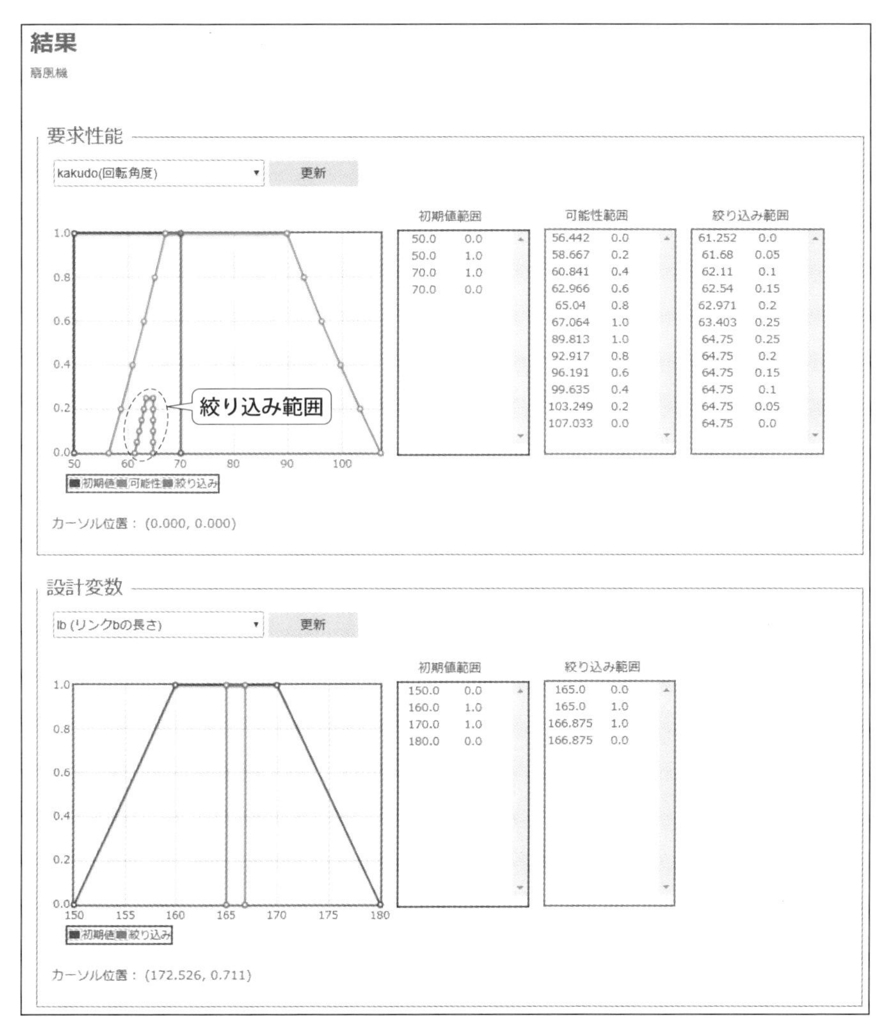

図 5-12　計算結果のグラフと表

る。

回転角度 kakudo の結果は、要求性能の枠中のプルダウンから選択し、[更新]をクリックすれば表示される。

適用結果の検証

求められた設計変数の範囲内のポイント値の組み合わせが2性能の範囲解に入っているかどうかを検討する。具体的には、設計変数のポイント値の組み合わせを応答曲面式に代入し、その結果が各性能の絞り込み範囲内に入るかどうか検討する。

2性能の絞り込み範囲は表5-5である。3設計変数のポイント値を範囲解の最小値の組み合わせ、および最大値の組み合わせ（表5-6）として2性能値を求めると、表5-7のようになる。いずれも性能の絞り込みの範囲（表5-5）に入っていることがわかる。したがって、求められた範囲内の設計変数のポイント値であれば、ポイント値をどのように組み合わせても、要求性能の目標範囲を満たしていることがわかる。

表5-5 要求性能の絞り込み範囲

要求性能	角度範囲 kakudo	平均回転角速度 averv
絞り込み範囲	[61.25, 64.75]	[70.85, 81.97]

表5-6 設計変数の絞り込み結果の最小値、最大値

設計変数	リンクbの長さ l_b	リンクcの長さ l_c	リンクcの回転角速度 rv
最小値	165	50	4
最大値	166.87	51.25	4.25

表5-7 設計変数の範囲解の検証

要求性能	角度範囲 kakudo	平均回転角速度 averv
最小値の組み合わせ	62.6	72.02
最大値の組み合わせ	63.4	80.79

5-3 適用分野

この章では、扇風機の首振り機構を例題に、PSD ソルバーの機構設計への適用を紹介した。リンク機構だけでも、かじ取り機構、パンタグラフ機構、打抜きプレスの倍力機構、ワイパー機構、産業ロボット、パワーショベル、傘の骨組みなど多数の応用例がある。5-1 節でも触れたように、機構にはリンク機構以外にも、歯車機構、ねじ機構、カム機構、チェーン機構、ベルト機構、摩擦伝導機構などがあり、さまざまな自由度をもった回転運動や往復運動の実現機構として製品に利用されている。たとえば、機構解析ソフトである Adams の Tutorial Kit（Mechanical Engineering Course）に掲載されている例題には、バルブトレイン機構、ロボットアーム、ジャイロスコープ、遊星歯車機構、補機駆動ベルトシステム、風力原動機、各種クレーンなどがある。いずれも単純化された例題であるが、複数の性能が複数の影響因子（設計変数）からもたらされるという構図は変わらないので、PSD の適用対象になりうる。PSD では、機構的な性能だけでなく、生産コスト、全体サイズ、軽量化などの要因も考慮できる。いずれにしても、機構学やマルチボディダイナミクスなどの従来知識と機構解析ソフト Adams を用いていかにモデル化するかという点が重要である。

COLUMN 近年の製品開発の動向⑤：モデルベース設計

モデルベース設計は、組込みシステムの開発プロセスを発展させた設計手法である。組込みシステムの開発においては、開発対象機器の仕様書を文章やフローチャートなどで書き、その仕様内容を実現させるコンピュータシステム（ソフトウェア設計とコーディング）を作成し、ハードウェアを用いてその検証を行う。図のように、各プロセスを試行錯誤的に前後するという特長がある。

この設計プロセスを製品開発に適用したのがモデルベース設計である。各プロセスは MATLAB/Simulink などを用いて数学的にモデル化し、シミュレーションする。これによって、開発効率を向上させたり、検証作業を前倒ししたりする効果が期待されている。また、作成したモデルを用いて、自動コーディングによってプログラミングの工数も減らしたり、HILS（hardware in the loop simulator）などのシミュレータを使ってその妥当性を検証したりすることができる。シミュレータと連携していない場合は、実モデルを作成してそのつど実験などで確認する必要がある。

すでに自動車分野、航空宇宙分野、家電製品などの開発分野に適用されており、今後は医療機器やロボットの開発などの先進的分野での採用が期待されている。

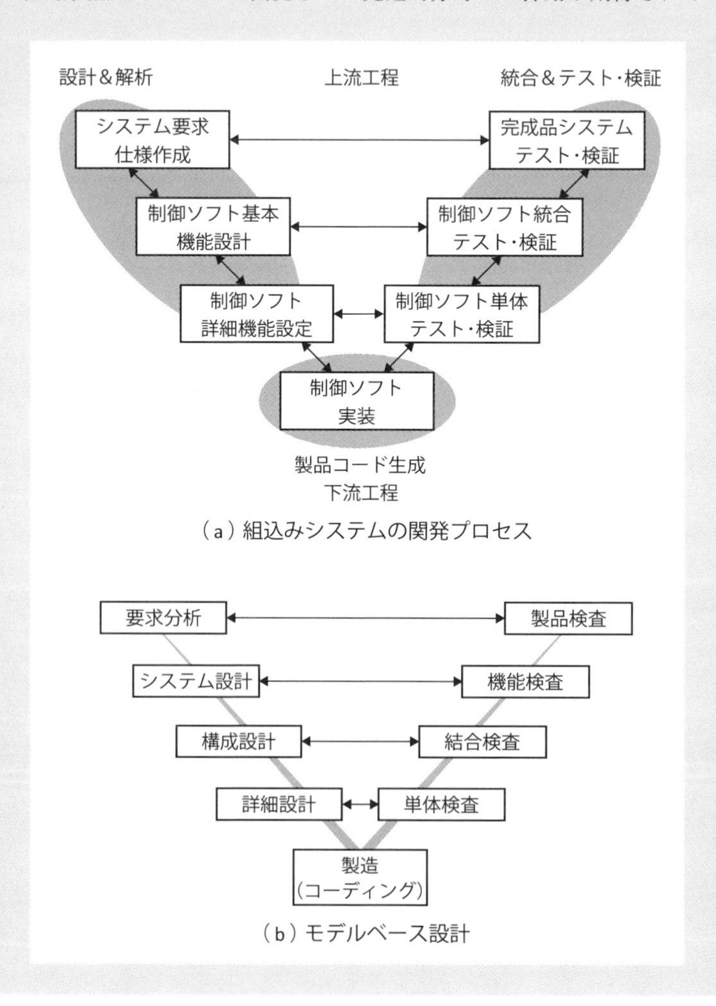

（a）組込みシステムの関発プロセス

（b）モデルベース設計

CHAPTER 6 制御系設計への適用

6-1 PSD と制御系設計

制御系設計の分野において、幅広く用いられている制御方法の一つがPID制御である。PID制御は、比例ゲイン、積分ゲイン、微分ゲインの三つのゲイン（係数）の数値を調整することで、目標性能を実現する。三つのゲインを調達した結果生じる速応性や安定性にはトレードオフがあるため、試行錯誤的なポイントベースでの調整が行われている。選好度付きセットベース設計（PSD）手法を用いることで、制御対象の複数の制御状態（速応性や安定性など）を目標性能とし、その性能を満たす三つのゲインなどの各種パラメータを同時に範囲で求めることができる。

6-2 制御の種類

制御工学で扱う実際的な制御の考え方の一つに、フィードバック制御がある。この制御の身近な適用例としてはエアコンがある。エアコンでは、温度センサーで室内温度をセンシングしながら冷気（暖気）の送風をオン／オフすることにより、設定温度に保つ。ほかにも、お風呂の水位や温度調節、炊飯器の温度調節、掃除ロボットの進行方向変化など、身近な機器の多くにフィードバック制御が使われている。

フィードバック制御では、図6-1に示すように、現在の制御量の値を検出し、その値を目標の値と比較し、制御装置によってその差（制御偏差）をゼロにするように操作量を変化させることで、制御対象の制御量を目標値に近づける。制御対象に外乱があっても、その効果を含んだ制御量を検出し、フィードバックする。一般的には、運動などの物理現象の基本特性は時間に関する微分方程

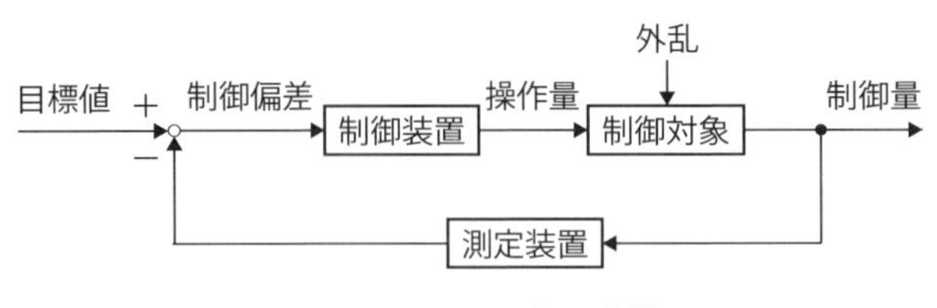

図6-1　フィードバック制御

式で表現され、一定の境界条件のもとでそれを解くことにより、現象を時間の関数で表現する。このプロセスを示したのが図6-2(a)である。このような解析を、ラプラス変換の演算子 s の代数方程式に変換し、その四則演算を基本にして解析するのがいわゆる古典制御理論である（図6-2(b)）。

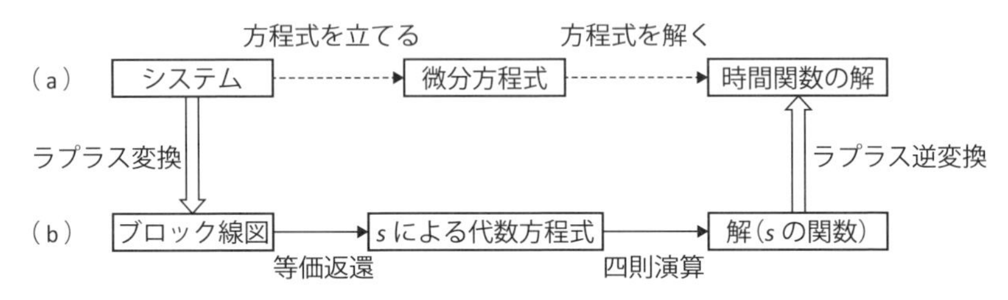

図6-2　現象の数学的表現と古典制御の関係

フィードバック制御の方式のうち、プロセス制御系など実際の制御で最も多く使用されているのがいわゆるPID制御であり、これをラプラス演算子 s で表現したのが図6-3になる。PID制御では、図6-3に示す制御偏差がゼロに近づくように、比例動作P（現在の動作の反映）、それまでの積分動作I（過去の動作の反映）および微分動作D（動向の予見の反映）に関する情報を制

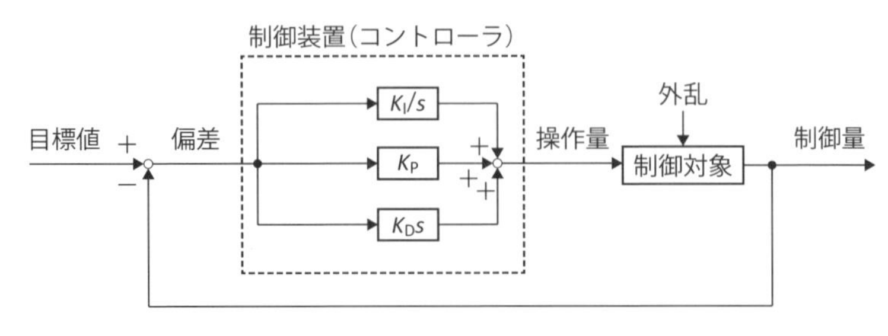

図6-3　PID制御

御装置（コントローラ）の操作量に反映させる。反映のさせ方の強さは、それぞれの演算子 s による表現の係数（ゲイン：比例ゲイン K_{P}、積分ゲイン K_{I}、微分ゲイン K_{D}）で調整することになる。図 6-3 は、3 種類のゲイン要素が並列に並んだ PID 制御の基本形を示している。これ以外にも、K_{P} のみを用いる P 制御、$K_{\mathrm{D}} = 0$ とした PI 制御、$K_{\mathrm{I}} = 0$ とした PD 制御などの種類がある。また、改良型 PID 制御とよばれる制御として、微分先行型制御（PI–D 制御）や比例微分先行型制御（I–PD 制御）などもある。いずれの場合も、調整対象であるゲインを含むことになる。したがって、ある移動や静止などの運動状態を求めるべき状態に制御するためには、これらのゲインを調整すれば実現できる。一方、求めるべき運動状態への制御性は、一般的にいえば速応性と安定性で表される。速応性には、目標値への近づき方の速さや定常状態への収束の速さなどがある。安定性には行き過ぎ量の少なさやその減衰の速さ、あるいは定常状態での偏差の少なさなどがある。

6-3 垂直駆動アームへの適用

■ 例題に関連した事項

例題の概要を説明する前に、例題に用いる運動方程式について説明する。この章の例題は、図 6-4(a)に示す垂直駆動アームのフィードバック制御問題である。DC モータの駆動力（トルク）$\tau(t)$ を負荷させることにより、アームをその基準位置（垂直にぶら下がった位置、図の $\theta(t) = 0$）から時計回りに $\theta(t) = \pi/6$ 回転させて停止させる制御を行う問題である（制御系としては、高さ $\pi/6$ のステップ関数入力になる)。図 6-4(b)に示すように、アームの質量を M [kg]、アームの軸から重心位置までの長さを ℓ [m] とする。また、アームは断面形状が正方形の一様棒で、その一片の長さは r [m] とする。アーム材の密度を ρ [kg/m^3]、慣性モーメントを J [kg·m^2]、軸の粘性摩擦係数を c [kg·m^2/s] とする。アームには重力 Mg（g は重力加速度）が負荷されるが、その回転成分 $Mg \sin\theta(t)$ は非線形項なので、これを特定の角度（今回は $\theta(t) = \theta_0 = \pi/6$）近傍においてテイラー級数展開で線形化すると、運動方程式は

DC モータ
アーム
$\theta(t)$
l
$\tau(t)$
l
$Mg\sin\theta(t)$
Mg

（a）実際の状態　　（b）モデル化

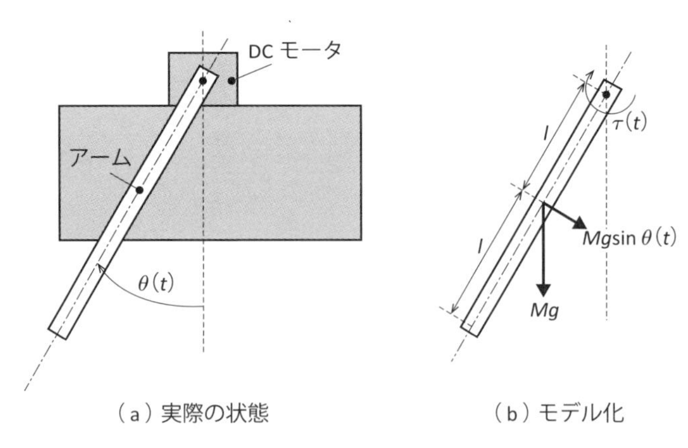

図 6-4　垂直駆動アームのフィードバック制御

次のように線形化される。ここで、$\bar{\theta} = \theta - \theta_0$, $\bar{\tau}(t) = \tau(t) - Mg\ell\sin\theta_0$ である。

$$J\ddot{\bar{\theta}} \fallingdotseq -c\dot{\bar{\theta}}(t) - Mg\ell\bar{\theta}(t)(\cos\theta_0) + \bar{\tau}(t)$$

制御系を構成している各要素の入出力関係は、図 6-5 のように作用 F（伝達関数）で表される。今回の例題の運動方程式（式(＊)）に対応する制御装置の入力 $u(s)$ から出力 $y(s)$ への伝達関数 $F(s)$ は、次のようになる。

$$F(s) = \frac{1}{Js^2 + cs + Mg\ell\cos\theta_0}$$

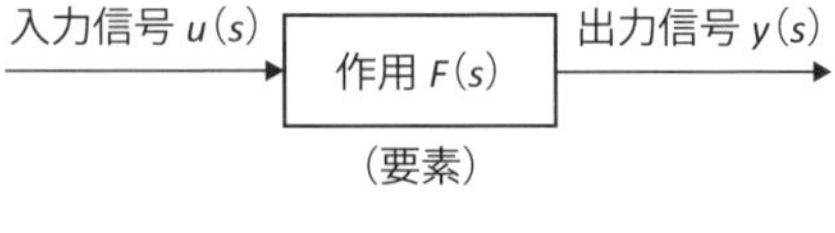

入力信号 $u(s)$
作用 $F(s)$
出力信号 $y(s)$
（要素）

図 6-5　制御要素の入出力関係を表す作用 F（伝達関数）

この例題の制御装置の場合は、目標値がステップ関数なので入力値が急激に変化し、大きな操作量 $u(s)$ を必要とする。そこで、偏差 $e(t)$ の微分値の代わりに制御量の微分値 $-\dot{y}(t)$ を用いることがある[1]。このような PID 制御を微分先行型制御（PI–D 制御）という。この例題のコントローラを図 6-6 に示す。実際には MATLAB を用いてシミュレーションを行っている。

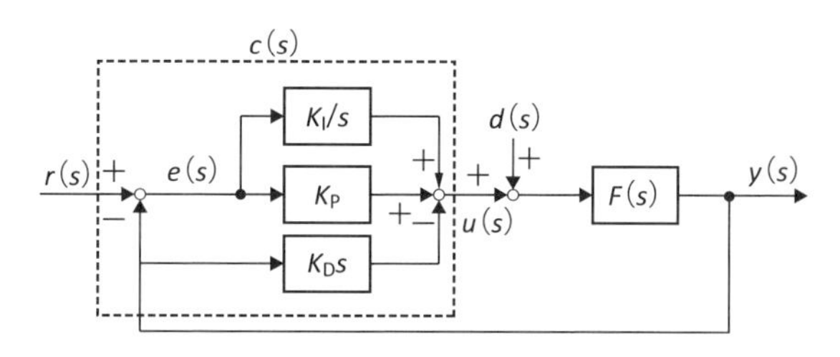

図 6-6　微分先行型制御（PI-D 制御）

■ 例題の概要

図 6-4 に示す垂直駆動アームのフィードバック制御問題を MATLAB で設計するにあたり、設計変数は図 6-6 の制御装置における 3 種のゲイン（K_{P}, K_{I}, K_{D}）とした。また、性能としては、DC モータによる回転トルク $\tau(t)$ の入力をステップ関数（回転角 $\pi/6$）で与えたときの、その回転角への収束状況（図 6-7）とした。具体的には、立ち上がり時間 R_{S}（応答が定常値の 10% から 90% に達するまでの時間）、最大オーバーシュート率 A_{max}、整定時間 T_{S}（目標値の ±2% 以内に収束する時間）とする。すなわち、3 性能を同時に満足する 3 設計変数の範囲解を求める問題となる。

■ PSD ソルバー適用のための準備

設計変数の初期範囲を表 6-1 に、要求性能の選好度分布を表 6-2 に示す。各性能は小さいほどよい性能（速応性や安定性が高い）を示している。設計変数の初期範囲の最小値と最大値に注目し、それらの組み合わせについてアームの挙動をシミュレーションすると、回転角度の挙動はいずれの場合も図 6-7 のように、オーバーシュートを経て振動しながら目標角度に収束する。

表 6-1 設計変数の選好度分布

設計変数	許容範囲	最良範囲
比例ゲイン K_{P}	[15, 50]	[15, 50]
積分ゲイン K_{I}	[15, 50]	[15, 50]
微分ゲイン K_{D}	[0.1, 0.5]	[0.1, 0.5]

表 6-2 要求性能の選好度分布

要求性能	許容範囲	最良範囲
立ち上がり時間 R_{S} [s]	[0.0, 0.05]	[0.0, 0.03]
最大オーバーシュート率 $A_{\max}$ [%]	[0.0, 20.0]	[0.0, 12.0]
整定時間 T_{S} [s]	[0.0, 0.2]	[0.0, 0.12]

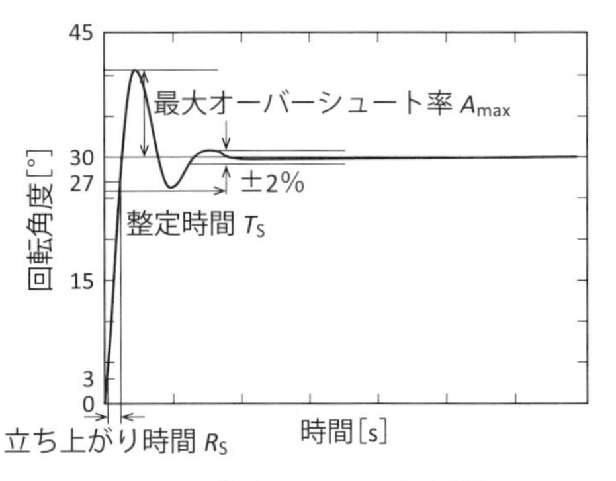

図 6-7 回転角 $\pi/6$ への収束状況

この例題では、応答曲面式を求めるために実験計画法の直交表を使ってデータを用意する。各設計変数の水準としては3水準の値（表 6-3）を用いる。表中の A, B, C は K_{P}, K_{I}, K_{D} に対応した PSD ソルバー側の変数名を示している。要求性能は3種類であるので、L_9 直交表を用いる。表 6-4 に、L_9 直交表への割り付けと要求性能の値を示す。要求性能の値は、L_9 直交表における各設計変数の値の組み合わせに対して、MATLAB で計算した値である。

表 6-3　設計変数の 3 水準値

A (K_P)	B (K_I)	C (K_D)
15	15	0.1
32.5	32.5	0.3
50	50	0.5

表 6-4　L_9 直交表への設計変数の割り付けと要求性能の値

設計変数			要求性能		
K_P	K_I	K_D	R_S	A_{max}	T_S
A1	B1	C1	0.069	4.306	0.185
A1	B2	C2	0.036	16.25	0.205
A1	B3	C3	0.026	24.86	0.265
A2	B1	C2	0.065	8.207	0.257
A2	B2	C3	0.036	17.24	0.197
A2	B3	C1	0.026	26.51	0.152
A3	B1	C3	0.062	11.79	0.434
A3	B2	C1	0.035	19.96	0.177
A3	B3	C2	0.026	26.92	0.152

■ PSD ソルバーの適用

PSD ソルバーのプロジェクト名を［制御問題］とし、［編集］から［メインメニュー］に移動する（図 6-8）。

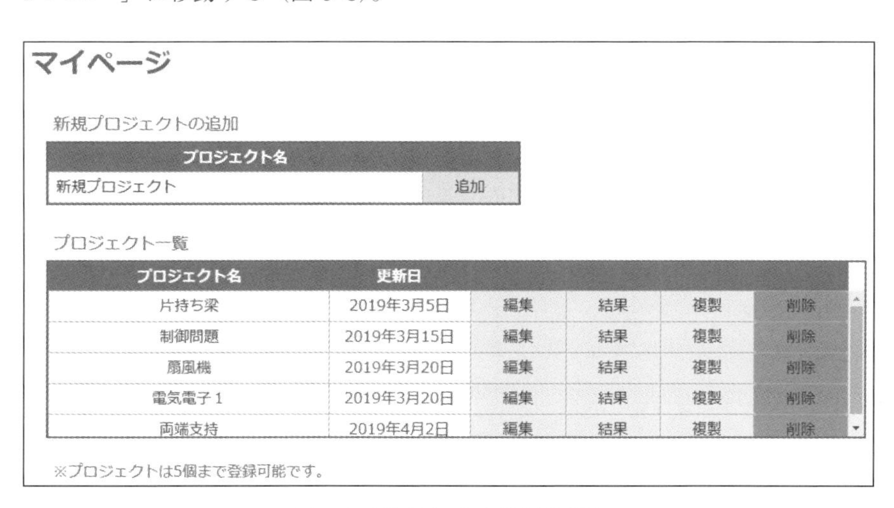

図 6-8　プロジェクトの編集画面

Step 1　定数・設計変数の設定

この例題では、メインメニューの［①定数］の入力は不要なので、［②設計変数］［③要求性能］の順に入力していく。

入力画面の一例（微分ゲイン K_{D}）を図 6-9 に示す。図 6-9 のように、デフォルト値を表 6-1 の値に修正し、［更新］をクリックする。選好度分布は、許容範囲と最良範囲が一致する長方形状とした。ほかの設計変数についても同様に入力する。

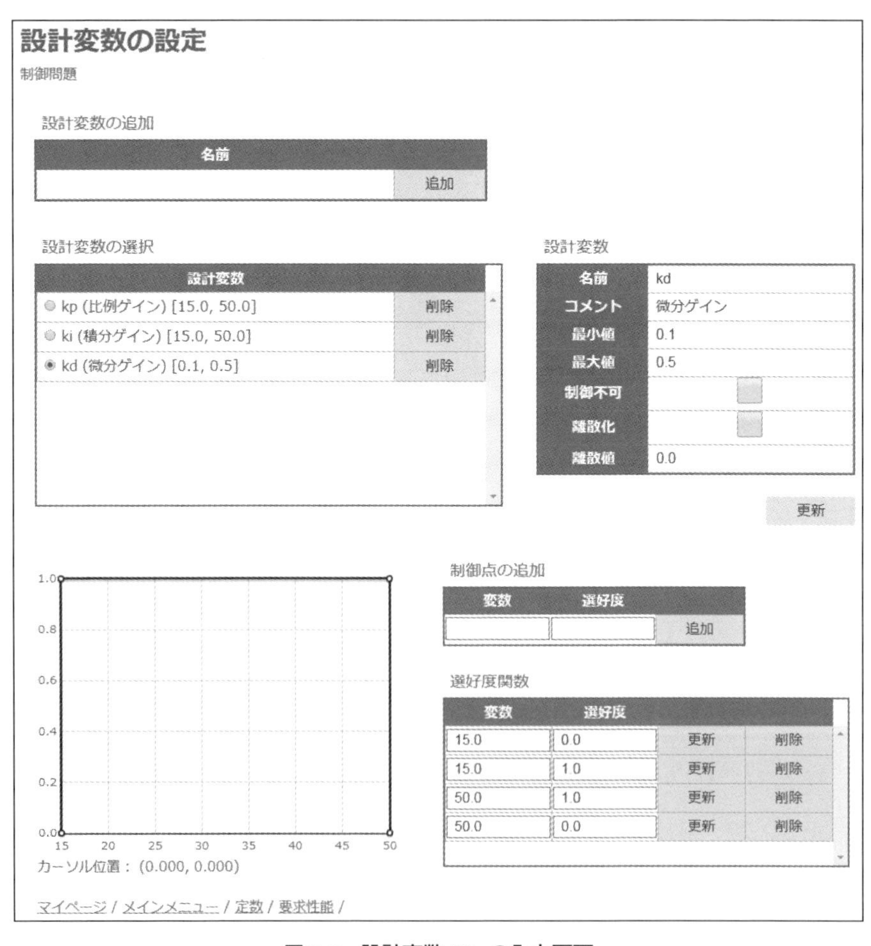

図 6-9　設計変数 K_{D} の入力画面

Step 2　要求性能の設定

画面の下にある［要求性能］をクリックする。入力画面の一例（立ち上がり時間 R_S）を図 6-10 に示す。図 6-10 のように、デフォルト値を表 6-2 の値に修正し、［更新］をクリックする。選好度分布は、最良範囲を小さくする非対称な台形形状とした。ほかの要求性能についても同様に入力する。

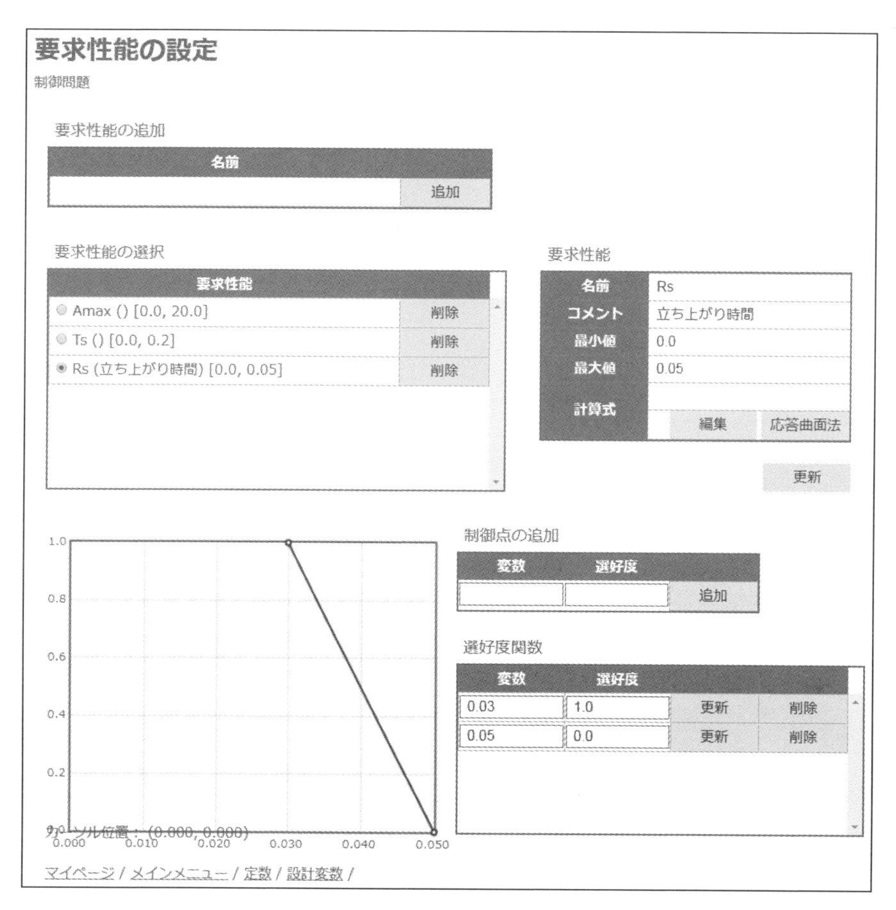

図 6-10　要求性能 R_S の入力画面

Step 3 要求性能と設計変数の関係の定義

要求性能と設計変数の関係式は、応答曲面法の直交表で求める。図6-10の［計算式］から［応答曲面法］をクリックして、直交表の入力画面（図6-11）に移動する。［直交表］を選び、［ファイルを選択］でテキストファイル（図

計算 戻る

データ点 直交表

File: ファイルを選択 選択されていません 読み込み

L4 L8 L16 L32

L9 L27 L12 L18 L36

	1	2	3	4	データ値
1	1	1	1	1	
2	1	2	2	2	
3	1	3	3	3	
4	2	1	2	3	
5	2	2	3	1	
6	2	3	1	2	
7	3	1	3	2	
8	3	2	1	3	
9	3	3	2	1	

要因	---	---	---	---
水準1の値				
水準2の値				
水準3の値				

使用係数設定

1次項
全てON 全てOFF
A B C

2次項
全てON 全てOFF
A B C

相関項
全てON 全てOFF
AB AC BC

要求性能

変数セット

変数記号	変数名
A	kp
B	ki
C	kd

※ドラッグで入れ替えが可能

図6-11 L_9 直交表の入力画面

```
Rs0405.txt - メモ帳
ファイル(F)  編集(E)  書式(O)  表示(V)  ヘルプ(H)
L9
0.069
0.036
0.026
0.065
0.036
0.026
0.062
0.035
0.026
Factor  A       B       C
15      32.5    50
15      32.5    50
0.1     0.3     0.5
```

図 6-12　直交表に用いる要求性能 R_S のテキストファイル

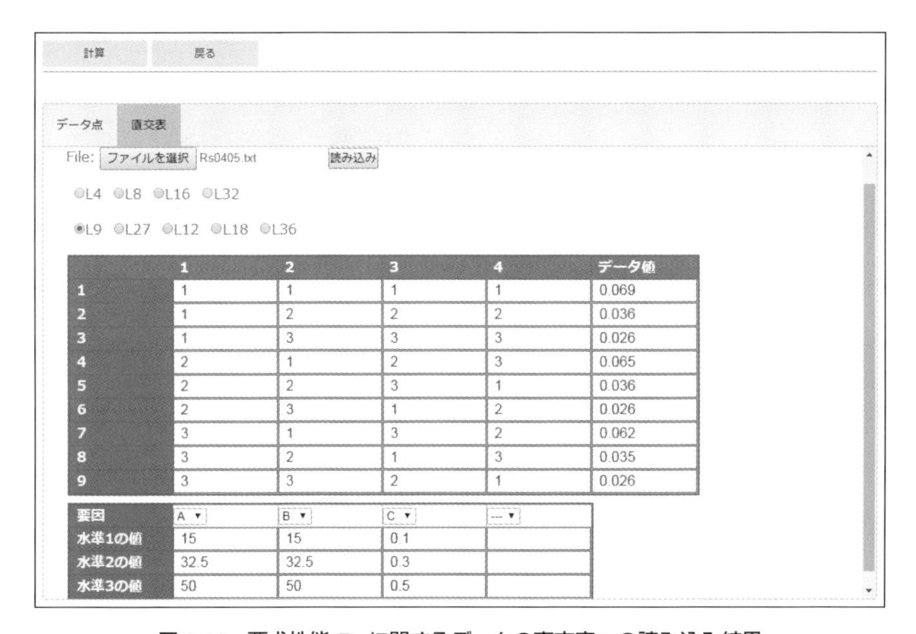

	1	2	3	4	データ値
1	1	1	1	1	0.069
2	1	2	2	2	0.036
3	1	3	3	3	0.026
4	2	1	2	3	0.065
5	2	2	3	1	0.036
6	2	3	1	2	0.026
7	3	1	3	2	0.062
8	3	2	1	3	0.035
9	3	3	2	1	0.026

要因	A	B	C	---
水準1の値	15	15	0.1	
水準2の値	32.5	32.5	0.3	
水準3の値	50	50	0.5	

図 6-13　要求性能 R_S に関するデータの直交表への読み込み結果

6-12）を選び、［読み込み］をクリックする。その結果、図6-11の直交表にテキストファイルの数値が入力される（図6-13）。また、図6-11の［使用係数設定］で、応答曲面式を構成する多項式の係数を決める。さらに、同図の［変数セット］で、PSDソルバーで用意している設計変数名A, B, Cと実際の設計変数の対応も決める。

これらの準備のうえで［計算］をクリックすると、図6-14のように結果が

応答曲面法

要求性能 "Rs"

関係式

RS:0.11065646258503058-6.966003950281485e-19*kp^2-7.619047619043004e-05*kp+3.2653061224486866e-05*ki^2-0.0032462585034011672*ki-3.571843823799467e-15*kd^2-0.0049999999999792*kd

相関係数： 0.9982965328652441

確定　データ再入力

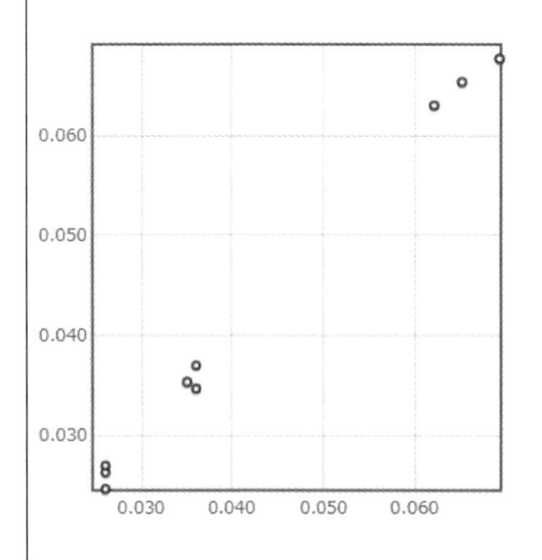

実測値	予測値
0.069	0.067666666666666
0.036	0.037000000000000
0.026	0.026333333333332
0.065	0.065333333333333
0.036	0.034666666666667
0.026	0.026999999999999
0.062	0.062999999999999
0.035	0.035333333333333
0.026	0.024666666666666

カーソル位置： (0.033, 0.021)

要求性能 / 応答曲面法 データ入力 /

図6-14　要求性能 R_S の関係式と相関関係

表示される。相関係数は0.9983で、かなりよい相関となっていることがわかる。この結果を用いる場合は、[確定]をクリックして[要求性能の設定]の画面（図6-10）に戻る。[立ち上がり時間 R_S] を選択すると、[要求性能] の [計算式] に先ほど求めた応答曲面式が格納されていることがわかる。

Step 4　実現可能領域の計算

Step 5　設計変数の絞り込み

設計変数と要求性能に関するすべての設定が終わったので、図6-10の画面下の［メインメニュー］をクリックして［計算実行］を行う（図6-15）。

図6-15　計算実行画面

Step 6　結果の表示

サーバーが混んでいなければ、［計算中です］のメッセージが表示される。

［結果］をクリックすると、図6-16のような計算結果が表示される。上の図は要求性能（立ち上がり時間 R_{S}）の結果である。左側のグラフは範囲と選

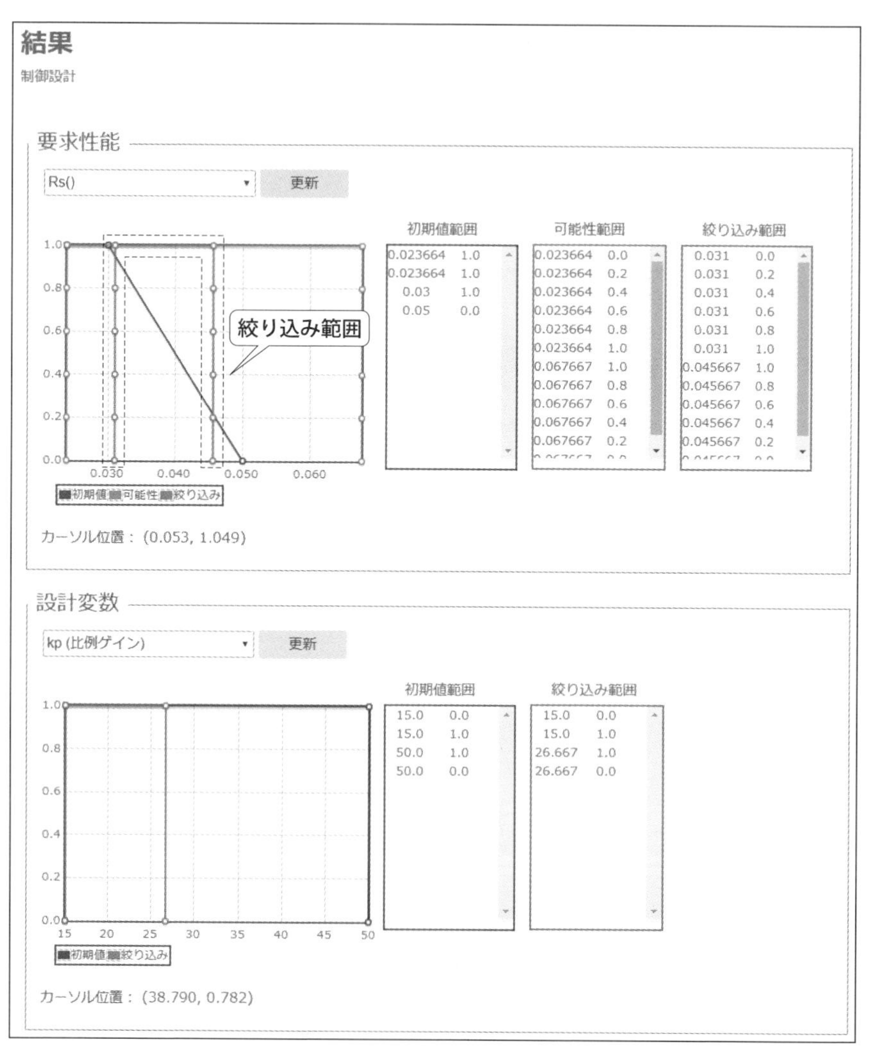

図6-16　計算結果のグラフと表

好度分布を示している。右側の表は、グラフを数値として表示した結果である。

最大オーバーシュート率 A_{max} と整定時間 T_{S} の結果は、要求性能の枠中のプルダウンから選択し、［更新］をクリックすれば表示される。

■ 適用結果の検討

求められた設計変数の範囲内のポイント値の組み合わせが 3 性能の範囲解に入っているかどうかを検討する。具体的には、設計変数のポイント値の組み合わせを応答曲面式に代入し、その結果が各性能の絞り込み範囲内に入るかどうか検討する。応答曲面式の一例は図 6-14 にある。また、要求性能および設計変数の絞り込み範囲をそれぞれ表 6-5、表 6-6 に示す。

表 6-5　要求性能の絞り込み範囲

要求性能	立ち上がり時間 R_{S}	最大オーバーシュート率 A_{max}	整定時間 T_{S}
絞り込み範囲	[0.031, 0.04567]	[12.114, 19.634]	[0.1026, 0.1707]

表 6-6　設計変数の絞り込み範囲

設計変数	比例ゲイン K_{P}	積分ゲイン K_{I}	微分ゲイン K_{D}
絞り込み範囲	[15.0, 26.667]	[26.667, 38.333]	[0.1, 0.2333]

表 6-7　設計変数の範囲解の検証

	立ち上がり時間 R_{S}	最大オーバーシュート率 A_{max}	整定時間 T_{S}
最小値側（3%内側）の組み合わせ	0.045096873	12.35562457	0.152688313
最大値側（3%内側）の組み合わせ	0.031311044	13.09798413	0.117763993

設計変数の初期範囲から性能の範囲を求める手法として、粒子群最適化法（PSO）を用いているが、その計算には乱数を用いているため、範囲の境界値付近で若干の誤差が生じる可能性がある。この例題ではこの誤差が問題になるため、範囲の境界値（最小値と最大値）から 3%内側に入ったポイント値を採用した。そのうえで、各設計変数の最小値側の組み合わせと最大値側の組み合

わせを用いた。それぞれの組み合わせで求めた3性能値を表6-7に示す。いずれも性能の絞り込みの範囲に入っていることがわかる。したがって、求められた範囲内の設計変数のポイント値であれば、ポイント値をどのように組み合わせても、要求性能の目標範囲を満たしていることがわかる。

6-4 適用分野

この章では、PID制御系設計を例題にPSDソルバーを適用した。PSDが適用対象を選ばないことに注目すれば、PID以外のさまざまな制御設計にも適用できる。また、この章では機器の一部分に着目したが、機器全体も入出力を有するシステムといえる。したがって、ロボット、システム全体の制御にも適用できる。

制御系設計と構造系設計の同時設計にも対応できる[1-5]。従来は構造系設計が先にあって、その後に制御系設計を行うことが多かった。これらを同時に設計できる利点は大きい。

この章の垂直駆動アームの問題において、アームの形状を一部の領域に孔を有するステップ状にした例で、この同時設計を考えてみる（図6-17）[5]。振動の基礎方程式、制御系は前述の問題と同じとする。設計変数には、前述の三つのゲイン（K_P, K_I, K_D）に、構造系の設計変数として領域bの長さl_b、幅w_b、孔の個数n（離散量）を加えた。要求性能には、前述の三つの性能（立

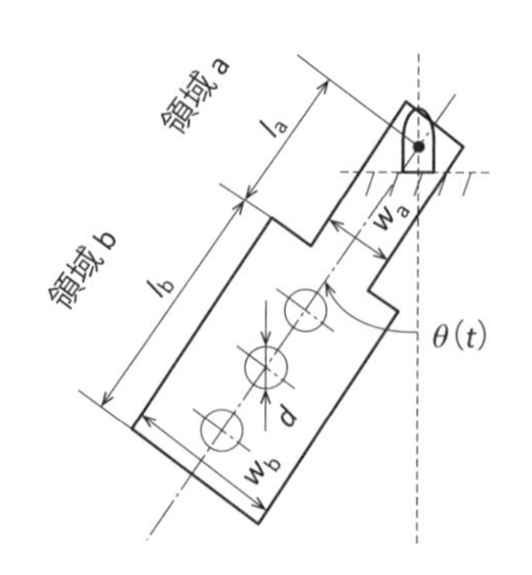

図6-17 制御系と構造系の同時設計
（孔付きステップ状アームのフィードバック制御）

ち上がり時間 R_S、最大オーバーシュート率 A_{max}、整定時間 T_S）に、構造系の要求性能である質量 m を加えた。

同様に PSD ソルバーを適用すると、要求性能の絞り込み結果として表 6-8 が得られる。

表 6-8　要求性能の絞り込み範囲

要求性能	許容範囲	最良範囲
立ち上がり時間 R_S [s]	[0.106, 0.129]	[0.106, 0.129]
最大オーバーシュート率 A_{max} [%]	[13.4, 19.9]	[13.4, 19.9]
整定時間 T_S [s]	[1.78, 2.77]	[1.78, 2.77]
質量 m [kg]	[2.16, 2.65]	[2.16, 2.65]

■ 参考文献

[1] N. Sasaki, A. Ming and H. Ishikawa, Simultaneous satisfactory design of structural and control systems by set-based design method, Proc. Fifth International Conference on Advances in Mechanical and Robotics Engineering, pp. 17-21, 2017.

[2] 佐々木直子，明愛国，石川晴雄，選好度を有する範囲概念に基づく多目的同時満足化の考え方（適用例：構造と制御の同時設計），日本機械学会第 27 回設計工学システム部門講演会，Vol. 27 (2503), 2017.

[3] H. Ishikawa and N. Sasaki, Simultaneous design of structural and control systems using set-based design method, Proc. 15th International Conference on Informatics in Control, Automation and Robotics, Vol. 1, pp. 284-289, 2018.

[4] 石川晴雄，佐々木直子，選好度を有する範囲概念に基づく多目的同時満足化設計（構造と制御の同時設計への適用），日本機械学会論文集，Vol. 84, No. 867, pp. 1-12, 2018.

[5] H. Ishikawa and N. Sasaki, Simultaneously satisfying multi-objective design of structural and control systems based on consideration of uncertainty by

set-based approach, International Mechanical Engineering Congress & Exposition, Technical Paper Publication, IMECE2018-86757, 2018.

COLUMN　近年の製品開発の動向⑥：コンカレントエンジニアリング

コンカレントエンジニアリングは、1990年代ごろから強く指摘・提唱されている、おもに開発期間の短縮を目的にした新たな開発プロセスの考え方である。まだ全面的には実現・展開されてはいないが、その必要性が主張されている。とくに、熟練開発者・設計者の人材不足による知識・経験・ノウハウの継承問題にも関係している。

従来の設計プロセスでは、構想設計、初期設計、詳細設計、試作・検査、製造などの各ステップを直列型で実施していく。この設計プロセスでは、あるステップで不都合が発生した場合、その前のステップでの検討に戻すことは難しく、そのステップ内での対応が迫られる。いわゆるover the wall問題（ステップ間に高い壁がある状況）である。

それに対してコンカレントエンジニアリングは、各ステップを部分的にオーバーラップさせていくことで、設計内容に関する情報の交換や共有を実施しながら開発設計を進める考え方である。結果として開発期間が短縮される。各ステップのオーバーラップ、あるいはそれを実質化するための情報交換のあり方などに関する研究が盛んに行われている。

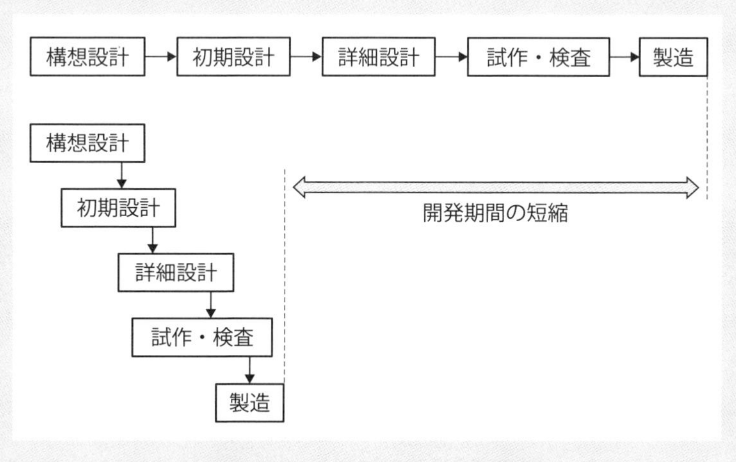

コンカレントエンジニアリングの考え方

CHAPTER 7 切削加工への適用

7-1 PSDと切削加工

加工は各種製品の製造において重要な生産技術であり、要求される機能をもった部品を製作・製造する（形を与える）ために不可欠な技術である。NC旋盤、マシンニングセンター、FMC（数値制御多機能工作機械）、FMS（フレキシブル生産システム）が20世紀後半から導入され、主流になりつつあるが、それらを支えるものは、生産現場に蓄積された加工データと加工に関する技術情報である。

工学としての加工学は、各種加工法に加えて、加工機械、加工のための測定、生産システムなどから成り立っている。また加工法には、鋳造、溶接、切断、塑性加工、切削加工、砥粒加工などがある。製造工程の観点から見ると、成型・造形工程、切断・結合工程、除去工程、仕上げ工程に分類される。

加工学にもとづく製造分野でも、その競争力の向上や持続可能な社会の構築への貢献が求められていて、その実現のために加工の精度・品質、生産性の向上、加工コストの削減、省エネルギ・環境負荷の低減などを目標にした努力が続けられている。このように、いわばマクロ的にも多目的性が求められている。したがって、加工法の一つである切削加工においても、多目的性を実現して、よりよい加工性を追求する必要がある。

こうした多目的な切削加工性に対する影響因子としては、被削材の種類、切削速度、切込み幅、送り速度が考えられ、これらを設計変数としてPSDを適用できる。

7-2 旋盤加工への適用

■ 例題の概要

製造プロセスにおいては、砥粒加工、特殊加工（放電加工やレーザー加工）、超精密加工（コンピュータ用のメモリーディスク基板加工）などもあるが、この章では基本的な切削加工を例題とする。切削加工には、被削材（工作物）を固定して工具を回転させる転削加工と、工具を固定して被削材を回転させる旋削加工がある。例題としては後者の場合を扱う。実際の旋盤とその刃物台付近の写真をそれぞれ図 7-1 に示す。また、旋削加工の代表例である旋盤加工の模式図を図 7-2 に示す。

（a）旋盤全体

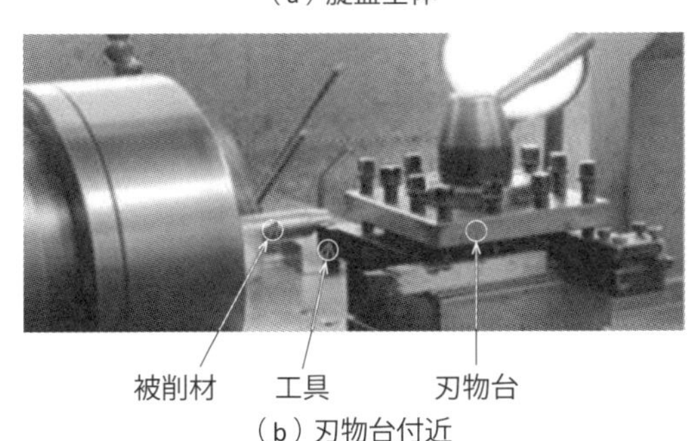

（b）刃物台付近

図 7-1　旋削加工のための旋盤

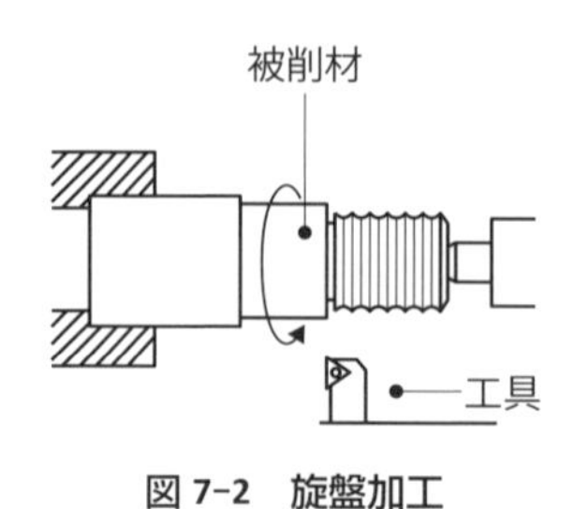

図 7-2 旋盤加工

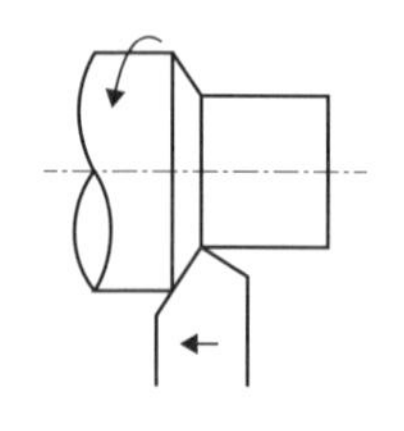

図 7-3 外丸削り

旋削加工は切削工具の形状や送りの方向によって、さまざまな種類の加工が可能であるが、ここでは最も基本的な外丸削り（図 7-3）を対象にする。外丸削りは、工作物を回転させ、切削工具を被削材の表面に切り込みを入れた状態で、工作機械の主軸の軸線方向に送ることにより、工作物の外形を円筒形に削る加工である。

旋削加工で望まれることは、加工時間が短いこと、加工精度がよいこと、加工コストが低いことである。つまり、一般的には多目的である。これらの多目的性能には、被削材の種類、旋削速度、切込み幅、送り速度（被削材が 1 回転したときに工具（バイト）が進む量）など複数の影響因子がある。これらの適切な条件のもとで、いかに旋削の動力が少なく、作業も効率的であり、かつ旋削面が良好であるかが問われることになる。

PSD ソルバー適用のための準備（実験データにもとづく適用）

PSD ソルバー適用にあたっては、バイトによる切削作業の改良を目的として実施された研究の文献[1]に掲載されている実験データを用いる。文献には、性能として正味切削動力、作業性、切削の色の 3 性能が取り上げられている。切削動力は少ないほどよい。また、作業性は作業の安全性、切削処理の容易性などを意味している。作業性がよい状態を 0、よくない状態を 1 で表す。また、切削の色は切削温度を意味している。良好な切削状態を表している場合を 0、良好でない状態を表している場合を 1 で表す。

この例題における影響因子としては、A：被削材の種類、B：切削速度、C：切込み幅、D：送り速度を用いるものとする。被削材としては SS330, SS400,

SS490（文献の表現は旧表現）とし、被削材の種類の違いを表す影響因子としては引張強さの下限値を用いる。各性能をそれぞれ 2 次多項式で表現するため、各影響因子の値は 3 水準で与えた（表 7-1）。

表 7-1　設計変数と 3 水準値

被削材の種類 Zai（引張強さ σ_B）	SS300（σ_B = 330 N/mm^2）	SS400（σ_B = 400 N/mm^2）	SS490（σ_B = 490 N/mm^2）
切削速度 Soku [m/min]	65	90	115
切込み幅 Cut [mm]	2	3	4
送り速度 Feed [mm/rev]	0.3	0.42	0.53

4 設計変数の 3 水準に対応した 3 性能の評価値が上記文献に与えられているので、各性能と設計変数の関係を示す応答曲面式を求めるために、L_9 直交表を用いる。L_9 直交表に 4 設計変数を割り付け、各列に対応した 3 性能を表 7-2 に示す。

表 7-2　L_9 直交表への設計変数の割り付けと要求性能の値

Zai	Soku	Cut	Feed	切削動力 F	作業性 S	切削の色 C
330	65	2	0.3	0.9	1	1
330	90	3	0.42	0.9	0	0
330	115	4	0.53	1.2	1	0
400	65	3	0.53	0.9	0	0
400	90	4	0.3	1.3	1	0
400	115	2	0.42	2.2	0	1
490	65	4	0.42	1.3	1	0
490	90	2	0.53	1.8	1	1
490	115	3	0.3	2.1	1	0

■ PSD ソルバーの適用

PSD ソルバーのプロジェクト名を［切削加工］とし、［編集］から［メインメニュー］に移動する（図 7-4）。

図 7-4 プロジェクトの編集画面

Step 1 定数・設計変数の設定

この例題では、メインメニューの［①定数］の入力は不要なので、［②設計変数］［③要求性能］の順に入力していく。

入力画面の一例（被削材 Zai）を図 7-5 に示す。図 7-5 のように、デフォルト値を表 7-3 の値に修正し、［更新］をクリックする。被削材 Zai に関する選好度分布も図 7-5 の下の図のように入力する。ほかの設計変数についても同様に入力する。

表 7-3 設計変数の選好度分布

設計変数	許容範囲	最良範囲
被削材（Zai）	[330, 490]	[330, 490]
切削速度（Soku）	[65, 115]	[65, 115]
切込み幅（Cut）	[2, 4]	3（ポイント値）
送り速度（Feed）	[0.3, 0.53]	0.415（ポイント値）

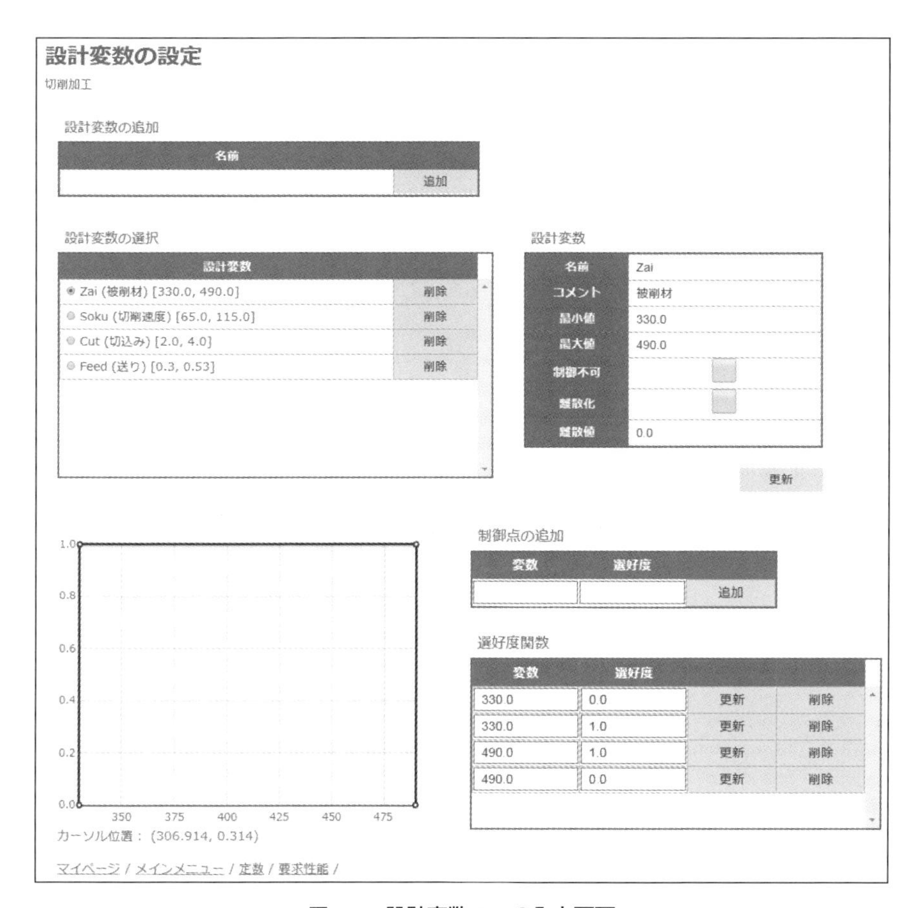

図 7-5　設計変数 Zai の入力画面

Step 2　要求性能の設定

画面の下にある［要求性能］をクリックする。入力画面の一例（切削動力 F）を図 7-6 に示す。図 7-6 のように、デフォルト値を表 7-4 の値に修正し、［更新］をクリックする。選好度分布は、最良範囲を小さくする非対称な台形形状とした。ほかの要求性能についても同様に入力する。

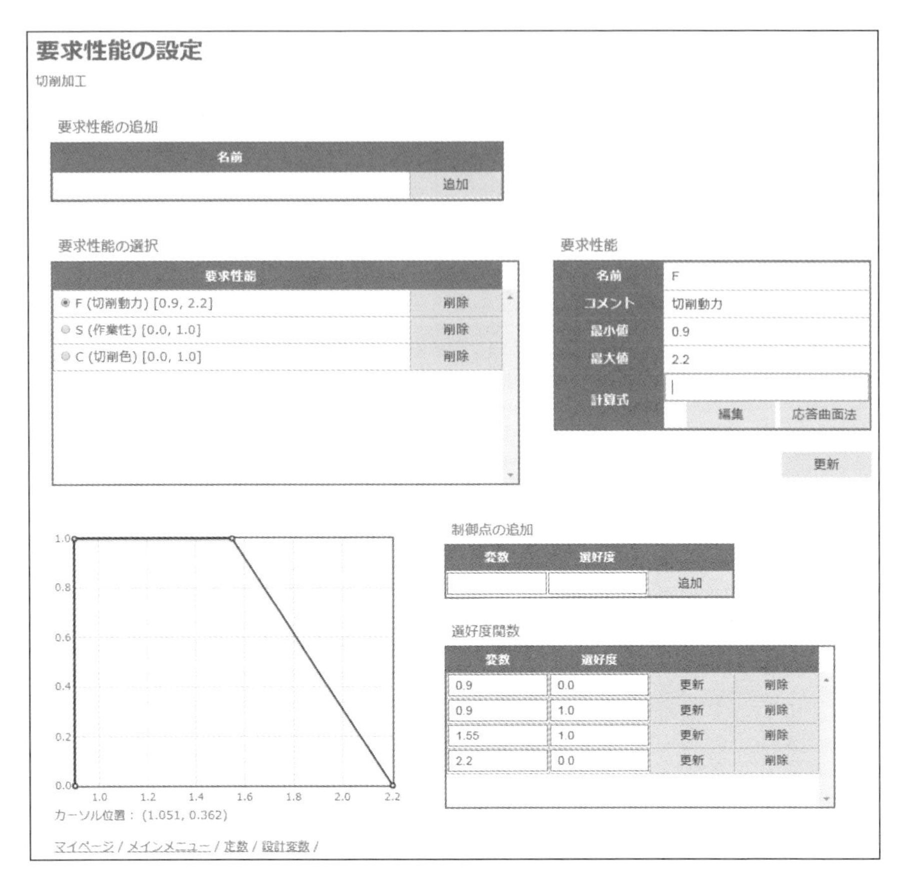

図 7-6　要求性能 F の入力画面

表 7-4　要求性能の選好度分布

要求性能	許容範囲	最良範囲
切削動力 [kW]	[0.9, 2.2]	[0.9, 1.55]
作業性	[0, 1]	0（ポイント値）
切削の色	[0, 1]	0（ポイント値）

Step 3　要求性能と設計変数の関係の定義

要求性能と設計変数の関係式は、応答曲面法の直交表で求める。図 7-6 の［計算式］から［応答曲面法］をクリックして、直交表の入力（図 7-7）に移動す

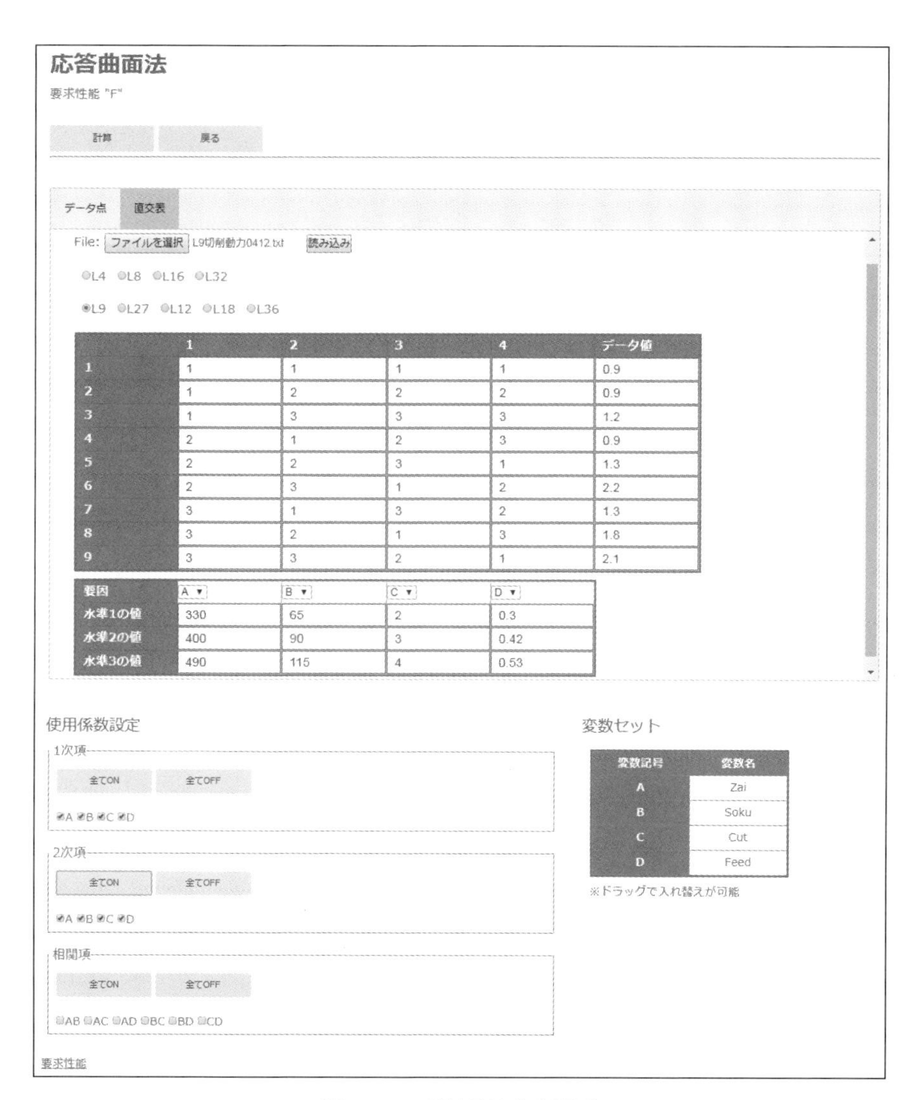

図 7-7　L_9 直交表の入力画面

る。［直交表］を選び、［ファイルを選択］でテキストファイル（図 7-8）を選び、［読み込み］をクリックする。その結果、図 7-6 の直交表にテキストファイルの数値が入力される。また、図 7-7 の［使用係数設定］で応答曲面式を構成する多項式の係数を決める。さらに、同図の［変数セット］で、PSD ソ

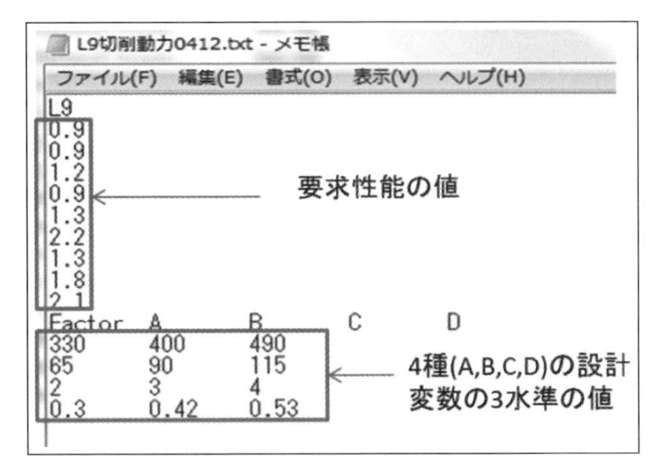

図 7-8 直交表に用いる要求性能 F のテキストファイル

ルバーで用意している設計変数名 A, B, C, D と実際の設計変数の対応も決める。

これらの準備のうえで［計算］をクリックすると、図 7-9 のように結果が表示される。相関係数は 1.0 となっていることがわかる。この結果を用いる場合は、［確定］をクリックして［要求性能の設定］の画面（図 7-6）に戻る。［切削動力 F］を選択すると、［要求性能］の［計算式］に先ほど求めた応答曲面式が格納されていることがわかる。

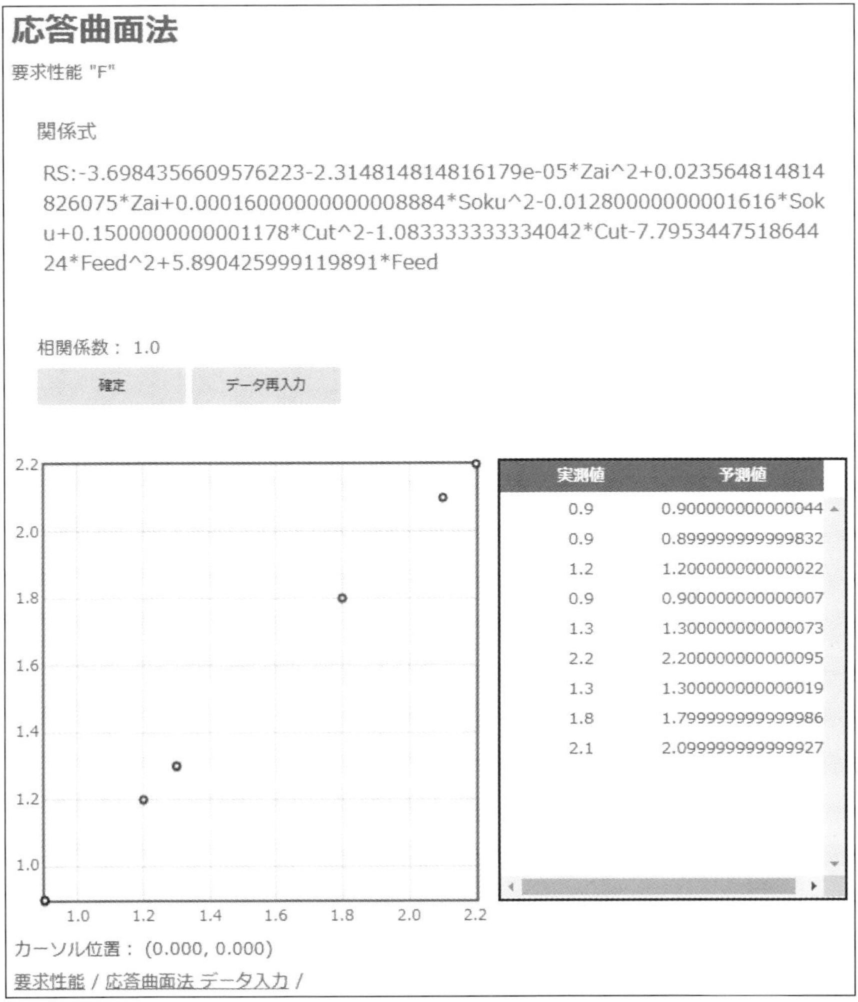

応答曲面法

要求性能 "F"

関係式

RS:-3.6984356609576223-2.314814814816179e-05*Zai^2+0.023564814814826075*Zai+0.00016000000000008884*Soku^2-0.01280000000001616*Soku+0.1500000000001178*Cut^2-1.083333333334042*Cut-7.795344751864424*Feed^2+5.890425999119891*Feed

相関係数： 1.0

確定　データ再入力

実測値	予測値
0.9	0.900000000000044
0.9	0.899999999999832
1.2	1.200000000000022
0.9	0.900000000000007
1.3	1.300000000000073
2.2	2.200000000000095
1.3	1.300000000000019
1.8	1.799999999999986
2.1	2.099999999999927

カーソル位置： (0.000, 0.000)

要求性能 / 応答曲面法 データ入力 /

図 7-9　要求性能 F の関係式と相関関係

Step 4　実現可能領域の計算

Step 5　設計変数の絞り込み

設計変数と要求性能に関するすべての設定が終わったので、図 7-6 の画面下の［メインメニュー］をクリックして［メインメニュー］画面の［計算実行］

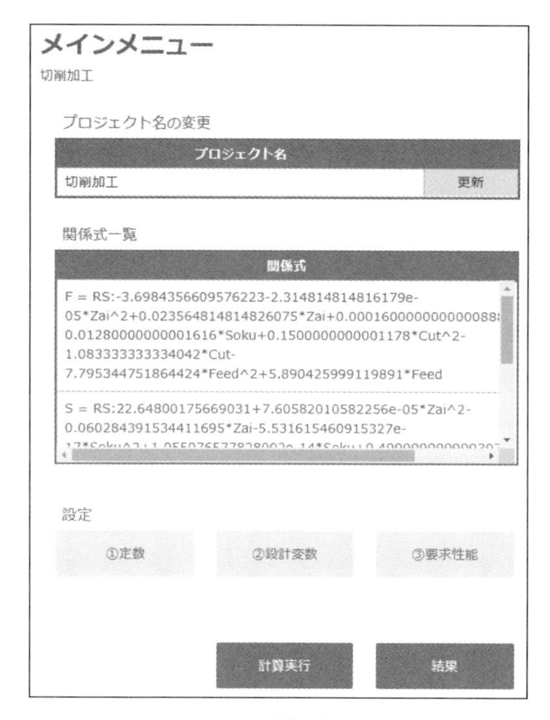

図 7-10　計算実行画面

を行う（図 7-10）。

Step 6　結果の表示

サーバーが混んでいなければ、［計算中です］のメッセージが表示される。

［結果］をクリックすると、図 7-11 のような計算結果が表示される。上の図は要求性能（切削動力 F）の結果である。左側のグラフは範囲と選好度分布を示している。右側の表は、グラフを数値として表示した結果である。

作業性 S と切削色 C の結果は、要求性能の枠中のプルダウンから選択し、［更新］をクリックすれば表示される。

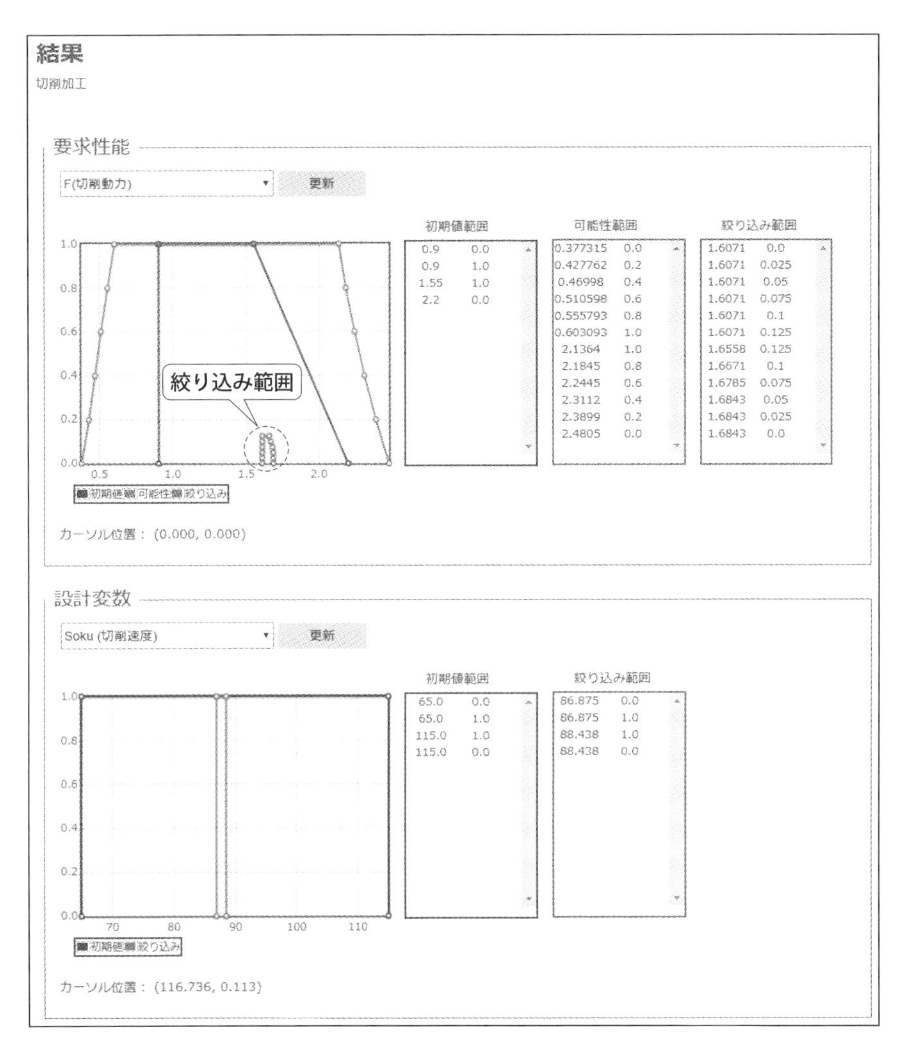

図 7-11　計算結果のグラフと表

7-3 適用分野

切削加工は、一般的に荒加工、中仕上げ加工、仕上げ加工という手順で行われる。仕上げ加工になればなるほど加工精度が課題になり、加工条件も厳しくなる。そのようなステップでよりよい加工性能を求めようとすれば、加工コストも関係してくるであろう。つまり、加工精度が上がれば加工コストも上がる。加工コストをあまり上げずに精度を上げ、かつ作業性もよい加工条件を実現するための条件をPSDで絞り込めると、加工時間の低下もはかれる。

切削加工以外の適用例としては、たとえば溶接がある。自動車のボディ構造に頻繁に用いられるスポット溶接では、加圧力、電流値、通電時間が引張強度、せん断強度、疲労強度などの溶接性能を決めている。したがってPSDによって、少ない実験条件でよりよい加工性をもたらす条件を求めることができる。

■ 参考文献

[1] 田口玄一，吉澤正孝編集，開発・設計段階の品質工学，日本規格協会，1988.

COLUMN　近年の製品開発の動向⑦：CAE における連成機能

CAE では、流体と構造、構造と電熱、磁場と電熱、電場と構造など複数の場の相互作用を考慮した連成解析が盛んに行われてきている。わかりやすい例としては、流体を貯蔵したタンクに地震などの振動が加わった場合に、タンクと流体のそれぞれの振動特性がどのように影響し合うのかの解析が挙げられる。

連成解析の方法としては、シーケンシャル連成法とダイレクト連成法の 2 種類がある。シーケンシャル連成法は個別の現象場ごとに解析し、計算ステップごとにその結果を連成相手の解析の境界条件として与えて解析する方法である。データのやりとりを一方向で行う場合と双方向で行う場合の 2 種類がある。一方、ダイレクト連成法は各現象の支配方程式を一つの統合した支配方程式にまとめて解析する方法である。

前者は弱連成ともいい、計算時間の長大化は比較的防げるが、計算精度に問題があるといわれている。後者は強連成ともいい、複数の現象を統一的に解析するので、弱連成に比べて高い精度の計算が可能となる。しかし、計算機の高い能力（容量と計算速度）が必要となる。

弱連成の例としては、高周波焼き入れ問題がある。これは、磁場、電熱、構造の連成問題である。強連成の例としては、流体と構造の連成過渡応答（相互作用による圧力が構造への外力になり、構造の変形が流体の変化をもたらす現象）解析がある。この解析では、それぞれの境界で作用する圧力を時間間隔ごとに計算・評価する。

CHAPTER 8 電気電子系設計への適用

8-1 PSDと電気電子系設計

多種多様な性能要件を満たしたうえで低コストの製品を短期間で開発するために、近年、コンカレントエンジニアリングが提唱されている。コンカレントエンジニアリングを可能にする設計方法として、機械設計の分野では実験計画法やセットベース設計などの方法が提案されている[1-3]。電気系においては従来から、複数の設計変数に対して初期値の設定とその値の修正を繰り返す試行錯誤的なポイントベース設計が多く行われている。たとえば、図 8-1 に示すような、回路の物理的寸法の制約による素子や配線間の不要結合である。基板上の配線の制約やそれにもとづくシールドの不完全さから、電磁ノイズの漏洩が起こる。この場合に、伝送特性や不要電磁放射などの電磁界特性の変化、高周波領域での素子の非理想的なふるまい、素子の非対称性による特性の劣化が生じる。

たとえば不要電磁放射の観点では、電子機器内にはさまざまな非意図的なア

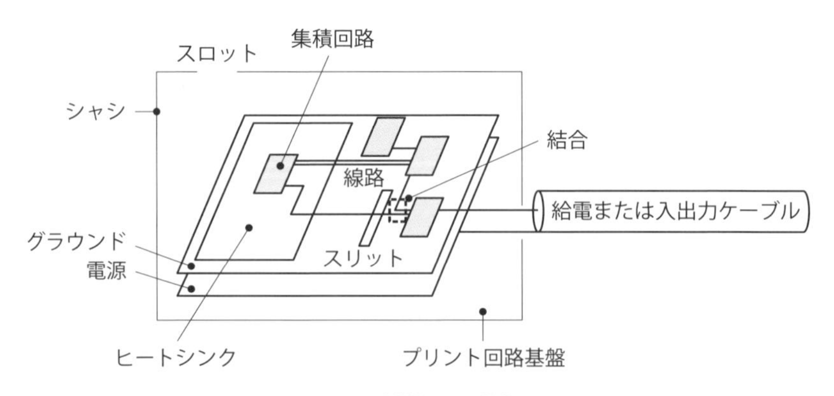

図 8-1　回路基板の不都合要因

ンテナが存在する[4]。信号線路はそれ自体だけでなく、実装の高密度化の影響で信号線路直下のグラウンドにスリットが形成され、スロットアンテナとして動作する。また、電源層とグラウンド層は対向しており、ICや信号線路から電源-グラウンド層に高周波電流が漏洩すると、強い電磁波が放射されるとともに、伝送信号も著しく劣化する。さらに、ICの消費電力の増大から放熱板の取り付けが必須となり、この放熱板がパッチアンテナとして動作する。

このような背景に対する一つのアプローチとして、PSDが考えられている。

8-2 屈曲差動伝送線路への適用（基板材料の厚みや非誘電率に偏差がない場合）

■ 例題の概要

線路の屈曲により生じる不等長によるモード変換および電磁放射を想定した最も単純で基本的な構造として、マイクロ波回路において一般的に使用される表面マイクロストリップ線路構造を例題に選んだ。例題に用いた屈曲差動伝送線路を図8-2に示す。このPCB（printed circuit board）は2層基板であり、上面が信号配線、下面が全面グラウンドである。基板は比誘電率 ε_r、厚み h [mm] の誘電体で、その寸法は無限平面とした。差動伝送線路の平衡領域で

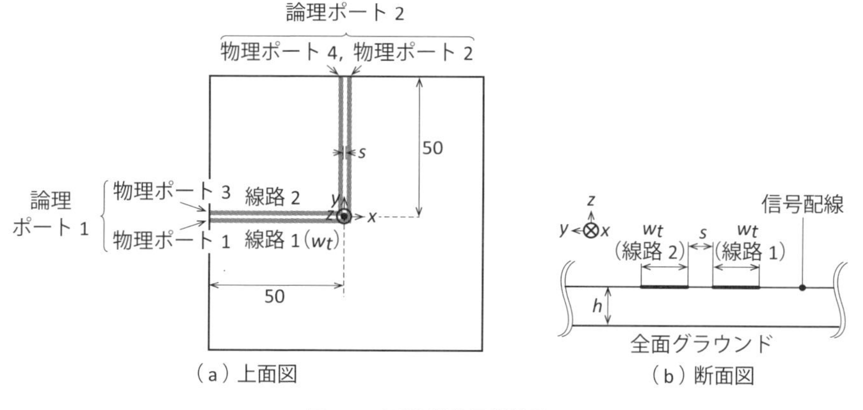

図 8-2　屈曲差動伝送線路

の差動線路幅が w_t [mm]、差動線路間隔が s [mm] のとき、このモデルでは、屈曲の内側の線路 2 が外側の線路 1 よりも $\Delta\ell = 2(w_t + s)$ [mm] だけ短い。

図 8-2 に示すように、線路 1 に物理ポート 1, 2 を、線路 2 に物理ポート 3, 4 を設定し、入力側の論理ポート 1 を物理ポート 1 と 3 で、出力側の論理ポート 2 を物理ポート 2 と 4 で構成した。

このようなモデルの屈曲差動伝送路では、影響因子として誘電体の比誘電率 ε_r、厚み h、平衡領域の差動線路幅 w_t、差動線路間隔 s の四つが考えられるが、この例題では簡単な場合として、誘電体の比誘電率 ε_r と基板の厚み h は一定として偏差がないものとする（8-3 節ではこれらの偏差も考慮した例題を扱う）。要求性能の種類としては、伝送特性の観点からインピーダンス整合、低伝送損失、低モード変換の三つを選んだ。

PSD ソルバー適用のための準備

設計変数の選好度分布を表 8-1 に、要求性能の選好度分布を表 8-2 に示す。ここで、Mixed-mode S パラメータは DM（differential mode）成分、CM（common mode）成分をモード別に表した S パラメータである。差動透過係数 S_{dd21} は、論理ポート 1 に DM で入力したエネルギーに対する論理ポート 2 への DM での出力割合である。モード変換係数 S_{cd21} は、論理ポート 1 に DM で入力したエネルギーに対する論理ポート 2 への CM での出力割合である。

表 8-1 設計変数の選好度分布

設計変数	許容範囲	最良範囲
差動線路幅 w_t [mm]	[0.8, 2.8]	0.8（ポイント値）
差動線路間隔 s [mm]	[0.25, 3.0]	0.25（ポイント値）

表 8-2 要求性能の選好度分布

要求性能	許容範囲	最良範囲
特性インピーダンス Z_{DM} [Ω]	[95, 105]	100（ポイント値）
差動透過係数 S_{dd21} [dB]	−1.0 以上	0（ポイント値）
モード変換係数 S_{cd21} [dB]	−20.0 以下	−40.0 以下

この例題では、応答曲面式を求めるために実験計画法の直交表を使ってデータを用意する。各設計変数の水準としては3水準の値（表8-3）を用いる。表中のA，Bはs，w_tに対応したPSDソルバー側の変数名を示している。表8-4に設計変数の9通りの組み合わせと要求性能の値を示す。各設計変数の値の組み合わせに対して、特性インピーダンスZDMは、精密な近似式[3, 12]より2 GHzでの値を求めた。Mixed-mode Sパラメータ（S_{dd21}，S_{cd21}）は、FDTD（有限差分時間領域）法による電磁界解析から0.1〜2 GHzの周波数特性を求め、そのワーストケース値を性能値とした。

表8-3　設計変数の3水準の値

A (s)	B (w_t)
0.25	0.8
1.50	1.9
3.00	2.8

表8-4　L_9直交表への割り付け

設計変数		要求性能		
s	w_t	Z_{DM}	S_{dd21}	S_{cd21}
0.25	0.8	101.6	−0.73	−23.5
0.25	1.9	76.6	−0.93	−17.5
0.25	2.8	65.7	−1.35	−14.4
1.50	0.8	154.2	−1.33	−16.3
1.50	1.9	107.1	−0.88	−13.0
1.50	2.8	87.7	−1.16	−10.8
3.00	0.8	170.8	−1.78	−12.0
3.00	1.9	116.8	−1.22	−9.8
3.00	2.8	94.5	−1.50	−8.3

■ PSDソルバーの適用

Step 1　定数・設計変数の設定

この例題では、メインメニューの［①定数］の入力は不要なので、［②設計変数］［③要求性能］の順に入力していく。

入力画面の一例（線路間隔s）を図に示す。図8-3のように、デフォルト値を表8-1の値に修正し、選好度分布を図8-3の下の図のように三角形状にした。このことは、機器の小型化の観点からは線路間隔、線路幅が小さいほどよ

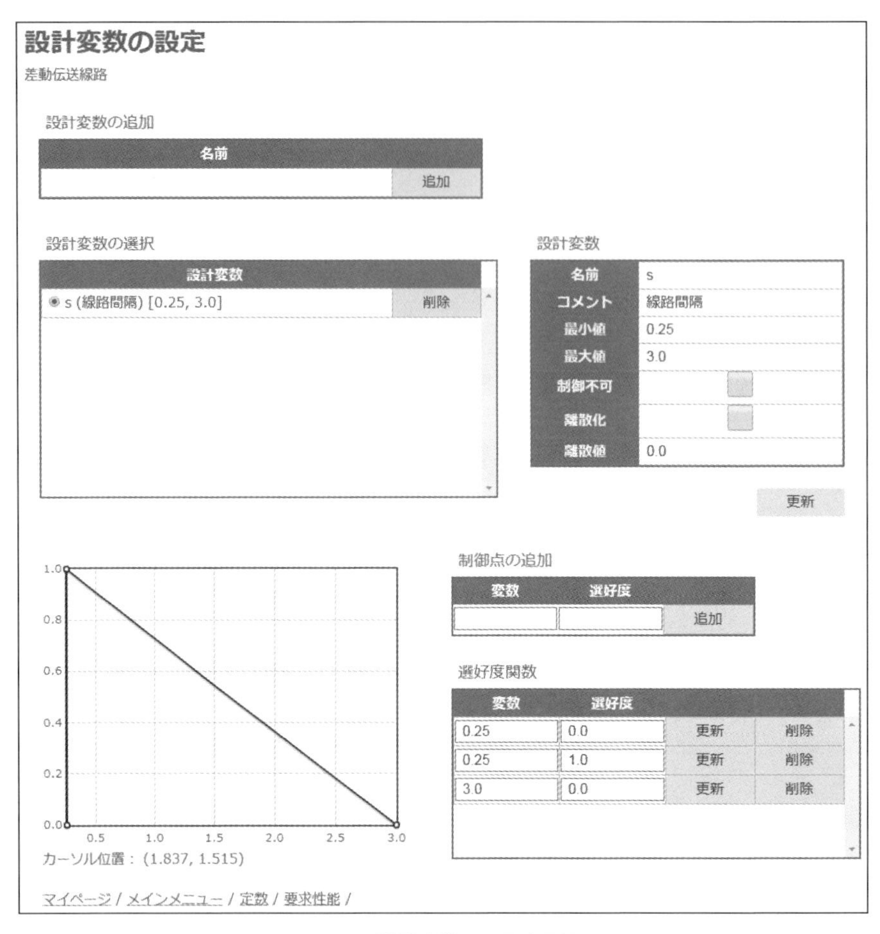

図 8-3 設計変数 s の入力画面

いという考えを反映している。入力後、[更新] をクリックする。設計変数 w_t についても同様に入力する。

Step 2 要求性能の設定

画面の下にある [要求性能] をクリックする。入力画面の一例（特性インピーダンス Z_{DM}）を図 8-4 に示す。図 8-4 のように、デフォルト値を表 8-2 の値に修正し、[更新] をクリックする。ほかの要求性能についても同様に入力する。

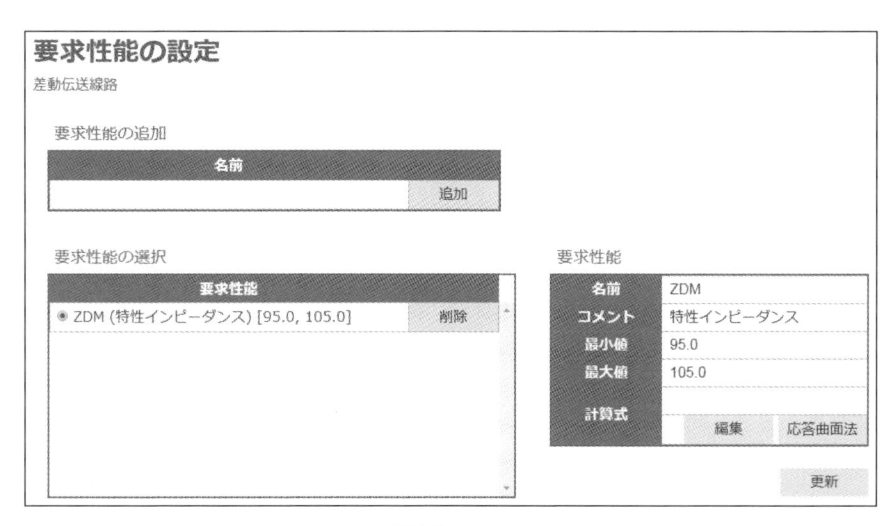

図 8-4　要求性能 Z_{DM} の入力画面

Step 3　要求性能と設計変数の関係の定義

要求性能と設計変数の関係式は、応答曲面法で求める。図 8-4 の［計算式］

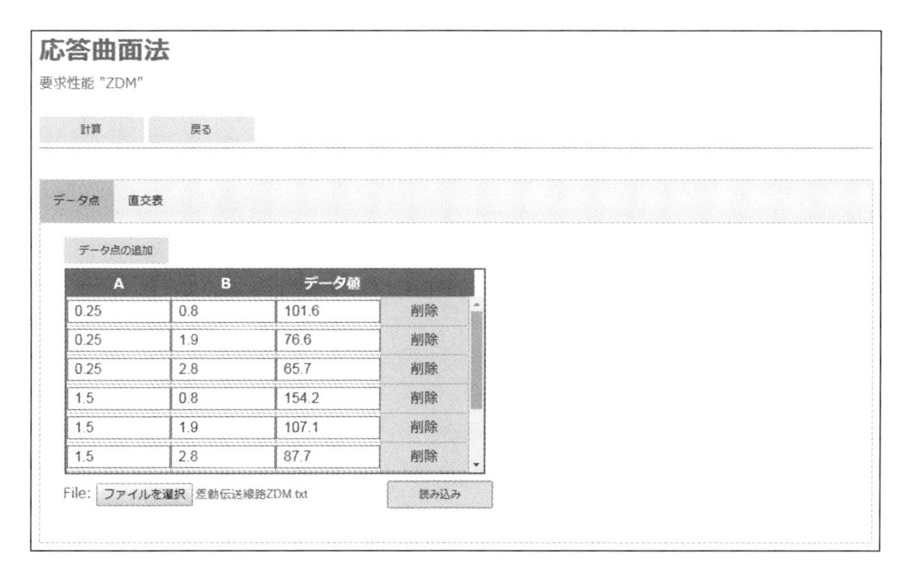

図 8-5　データ点の入力画面

から［応答曲面法］をクリックして、データ点の入力画面（図 8-5）に移動し、［データ点］を選ぶ。［データ点］を選んだのは、設計変数が 2 変数なので、直交表を用いる必要がないからである。［ファイルを選択］でテキストファイル（図 8-6）を選び、［読み込み］をクリックする。また、図 8-7 の［使用係数設定］で、応答曲面式を構成する多項式の係数を決める。さらに、同図の［変数セッ

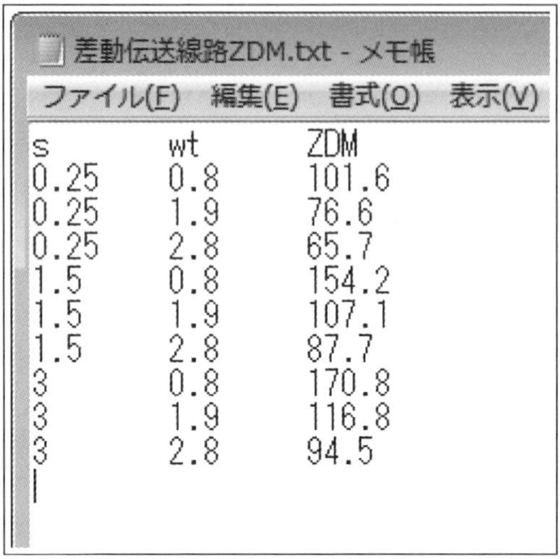

差動伝送線路ZDM.txt - メモ帳

ファイル(F)　編集(E)　書式(O)　表示(V)

s	wt	ZDM
0.25	0.8	101.6
0.25	1.9	76.6
0.25	2.8	65.7
1.5	0.8	154.2
1.5	1.9	107.1
1.5	2.8	87.7
3	0.8	170.8
3	1.9	116.8
3	2.8	94.5

図 8-6　応答曲面式に用いる要求性能 Z_{DM} のテキストファイル

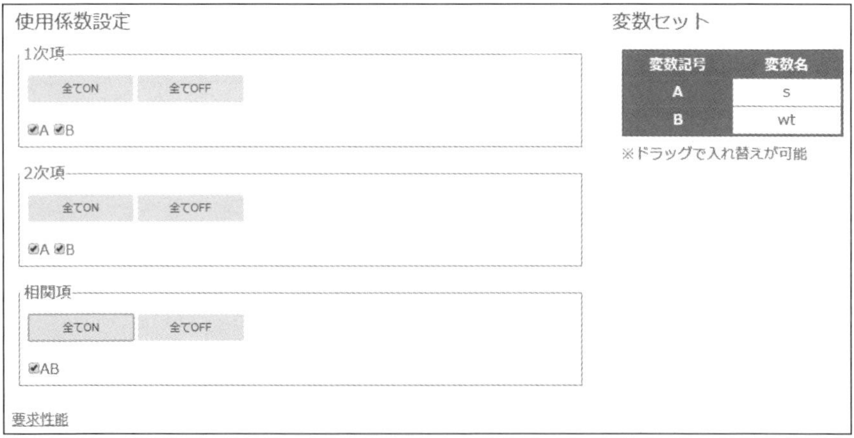

使用係数設定

1次項
全てON　全てOFF
A B

2次項
全てON　全てOFF
A B

相関項
全てON　全てOFF
AB

要求性能

変数セット

変数記号	変数名
A	s
B	wt

※ドラッグで入れ替えが可能

図 8-7　応答曲面式の使用係数の設定および変数セットの対応

ト］で、PSD ソルバーで用意している設計変数名 A, B と実際の設計変数の対応も決める。

これらの準備のうえで［計算］をクリックすると、図 8-8 のように結果が表示される。相関係数は 0.9964 で、かなりよい相関となっていることがわかる。この結果を用いる場合は、［確定］をクリックして［要求性能の設定］の画面（図

応答曲面法

要求性能 "ZDM"

関係式

RS:128.98117149492896-7.516767676767706*s^2+54.54839354812757*s+9.36531986532094*wt^2-51.953926416887384*wt-7.291300062064036*s*wt

相関係数： 0.9964410286042057

確定　データ再入力

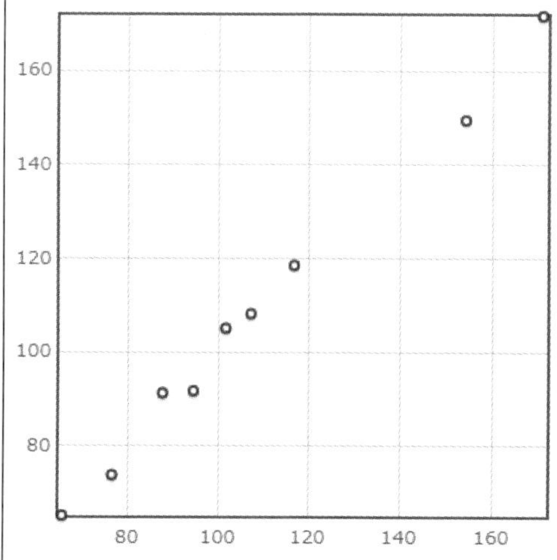

実測値	予測値
101.6	105.12087547004
76.6	73.781448894405
65.7	64.997675635549
154.2	149.57213805021
107.1	108.20717388923
87.7	91.220688060555
170.8	171.90698647974
116.8	118.51137721635
94.5	91.681636303895

カーソル位置：(65.315, 153.934)

要求性能 / 応答曲面法 データ入力 /

図 8-8　要求性能 Z_{DM} の関係式と相関関係

8-4）に戻る。［特性インピーダンス ZDM］を選択すると、［要求性能］の［計算式］に先ほど求めた応答曲面式が格納されていることがわかる。

Step 4 実現可能領域の計算

Step 5 設計変数の絞り込み

設計変数と要求性能に関するすべての設定が終わったので、図 8-4 の画面下の［メインメニュー］をクリックして［計算実行］を行う（図 8-9）。

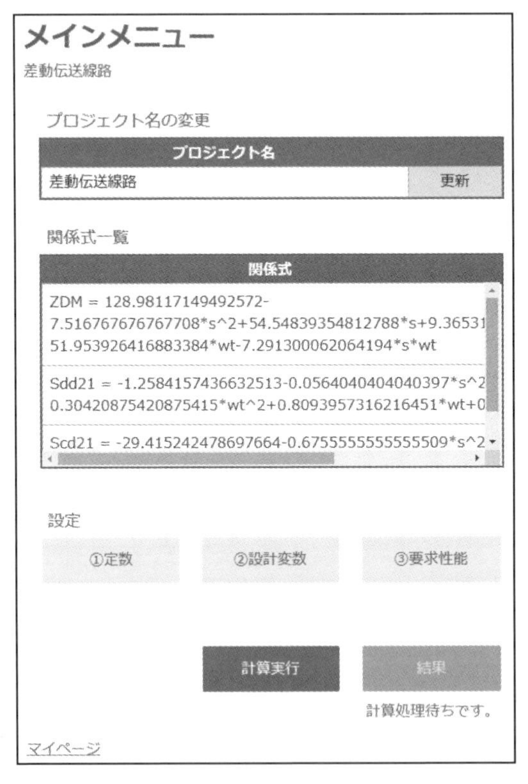

図 8-9 計算実行画面

Step 6　結果の表示

サーバーが混んでいなければ、［計算中です］のメッセージが表示される。

［結果］をクリックすると、図 8-10 のような計算結果が表示される。上の図は要求性能（特性インピーダンス Z_{DM}）の結果である。左側のグラフは範

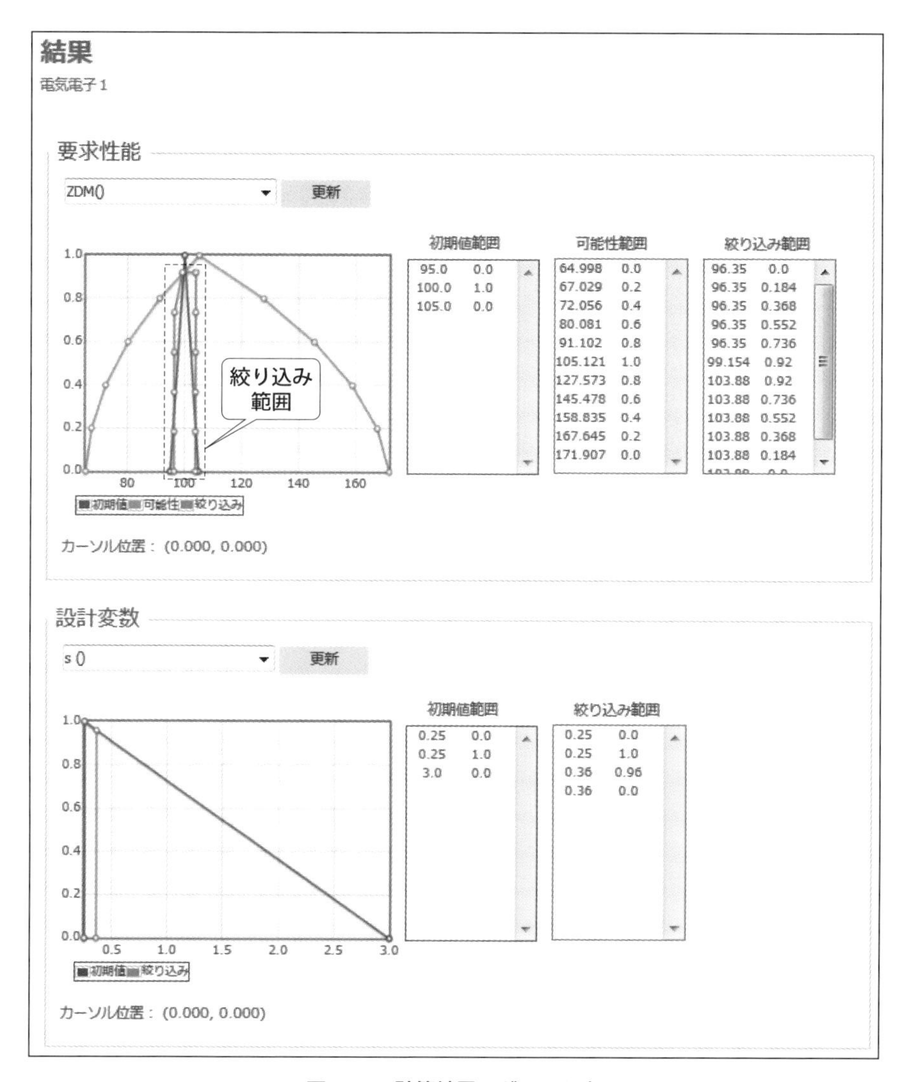

図 8-10　計算結果のグラフと表

囲と選好度分布を示している。右側の表はグラフを数値として表示した結果である。

差動透過係数$|S_{dd21}|$とモード変換係数$|S_{cd21}|$の結果は、要求性能の枠中のプルダウンから選択し、[更新] をクリックすれば表示される。

設計係数（線路間隔 s）の結果は、図 8-10 の下の図のようになる。ほかの設計変数の結果も、設計変数の枠内のプルダウンから選択し、[更新] をクリックすれば表示される。

■ 適用結果の検証

得られた範囲解について、2 通りの方法でその妥当性を検証する。近似式で容易に計算できる$|Z_{DM}|$については、範囲解内で設計変数を一様乱数で変化させた 10 万通りの組み合わせを解析した。

結果を図 8-11 に示す。ヒストグラムは 10 万通りの組み合わせの解析結果を示し、グレーの部分は要求性能の許容範囲外を示す。この結果から、適切な設計変数の範囲解であることが確認できる。

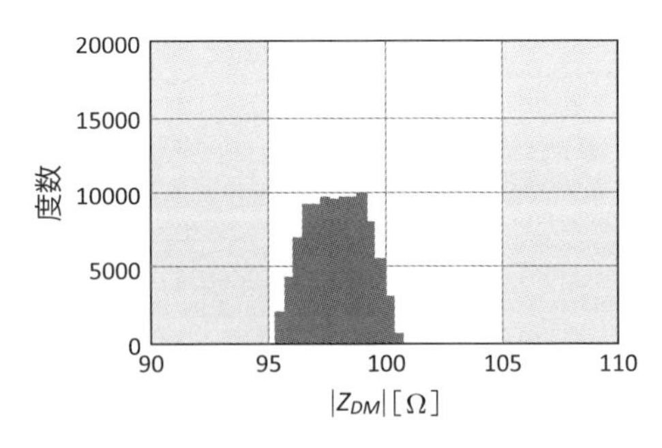

図 8-11　$|Z_{DM}|$に関する設計変数の範囲解の検証

Mixed-mode S パラメータに関する二つの要求性能については、設計変数の範囲解の最小値、最大値、その中間値の 9 通りの組み合わせについて、FDTD 法による電磁界解析で 0.1 ～ 2 GHz の周波数特性を求めた。

結果を図 8-12 に示す。図中の線はすべての組み合わせに対する最小値、最大値の範囲を示し、グレーの部分は要求性能の許容範囲外を示す。この結果か

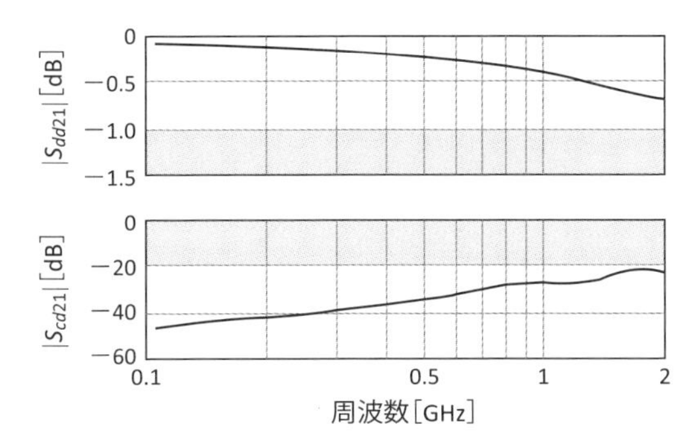

図 8-12　$|S_{dd21}|$ および $|S_{cd21}|$ に関する設計変数の範囲解の検証

ら、適切な設計変数の範囲解であることが確認できる。

8-3　屈曲差動伝送線路への適用（基板材料の厚みや比誘電率に偏差がある場合）

図 8-2 に示した差動伝送線路では要求性能に影響を与える四つの設計変数があるが、実際の基板設計では比誘電率 ε_r、基板の厚み h は設計者が直接設計できない場合が多い。たとえば比誘電率 ε_r の場合、テフロンでは $\varepsilon_r = 2.1$、ポリエチレンでは $\varepsilon_r = 2.3$、ポリイミドでは $\varepsilon_r = 3.5$、ガラスエポキシ樹脂では $\varepsilon_r = 4.5$ のように材料固有の値をもつため、任意の値を用いることができない。また、特定の材料を選定した場合、各設定値に対して偏差も生じる。そこでこの項では、設計者が制御できない不確定要素が存在するモデルにおいて PSD を適用する例を紹介する。具体的には、ε_r および h に ±2% の偏差がある場合の設計例を紹介する。

■ 例題の概要

要求性能は、その条件も含めて 8-2 節の例題と同じとした。

■ PSD ソルバー適用ための準備

8-2 節と同様に、要求性能を満足するための設計変数を探索するためのデータ群を、少ない初期データから応答曲面法を用いて作成する。比誘電率 ε_r と基板の厚み h は、それぞれ $\varepsilon_r = 4.5$, $h = 1.53$ mm のガラスエポキシ樹脂として、それぞれ ±2%の偏差を想定した。これらを踏まえて設計変数の選好度分布を表 8-4 に示す。要求性能については 8-2 節の例題と同じ（表 8-2）である。

表 8-4 設計変数の選好度分布

設計変数	許容範囲	最良範囲
差動線路幅 w_t [mm]	[0.8, 1.2]	0.8（ポイント値）
差動線路間隔 s [mm]	[0.25, 0.45]	0.25（ポイント値）
比誘電率 ε_r	[4.4, 4.6]	4.5（ポイント値）
基板の厚み h [mm]	[1.50, 1.56]	1.53（ポイント値）

この例題では、応答曲面式を求めるために実験計画法の直交表を使ってデータを用意する。各設計変数の水準としては 3 水準の値（表 8-5）を用いる。表中の A, B, C, D は s, w_t, h, ε_r に対応した PSD ソルバー側の変数名を示している。表 8-5 に示すように、h, ε_r については、第 2 水準を中央値に、第 1 水準、第 3 水準をそれぞれ偏差範囲の最大値、最小値とし、3 水準を設定した。設計変数 s, w_t についても、8-2 節の例題で得られた範囲解（$s = 0.25 \sim 0.32$ mm, $w_t = 0.95 \sim 1.0$ mm）を参考にして、8-2 節よりも狭い範囲で 3 水準を設定した。要求性能は 3 種類であるので、L_9 直交表を用いる。表 8-6 に L_9 直交表への設計変数の割り付けと要求性能の値を示す。

表 8-5 設計変数の 3 水準の値

A (s)	B (w_t)	C (h)	D (ε_r)
0.25	0.8	1.50	4.4
0.35	1.0	1.53	4.5
0.45	1.2	1.56	4.6

表 8-6　L_9 直交表への割り付け

s	w_t	h	ε_r	Z_{DM}	S_{dd21}	S_{cd21}
0.25	0.8	1.50	4.4	102.4	−0.72	−23.4
0.25	1.0	1.53	4.5	95.0	−0.72	−22.3
0.25	1.2	1.56	4.6	89.1	−0.76	−21.3
0.35	0.8	1.53	4.6	109.2	−0.73	−22.6
0.35	1.0	1.56	4.4	103.7	−0.69	−21.4
0.35	1.2	1.50	4.5	96.3	−0.71	−20.5
0.45	0.8	1.56	4.5	117.3	−0.74	−21.7
0.45	1.0	1.50	4.6	107.6	−0.71	−20.8
0.45	1.2	1.53	4.4	103.1	−0.69	−19.8

■ PSD ソルバーの適用

Step 1　定数・設計変数の設定

この例題では、メインメニューの［①定数］の入力は不要なので、［②設計変数］［③要求性能］の順に入力していく。

入力画面の一例（線路間隔 s）を図に示す。図 8-13 のように、デフォルト値を表 8-4 の値に修正し、［更新］をクリックする。設計変数 w_t についても同様に入力する。

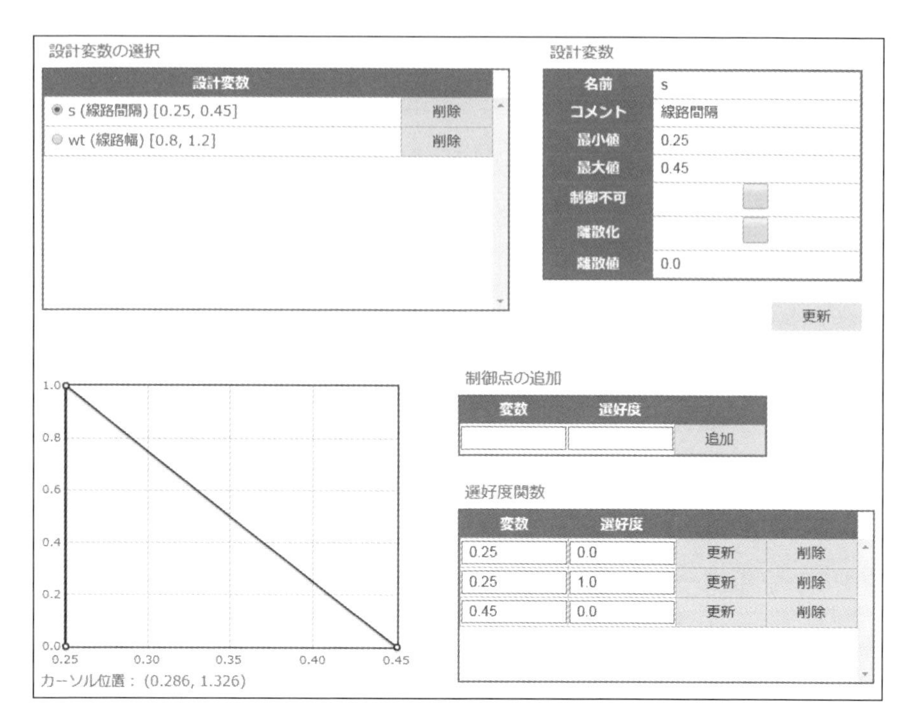

図 8-13　設計変数 s の入力画面

次に、非制御要素である厚み h についての設定を行う。図 8-14 に示すように名前に［h］、コメントに［厚み］を入力し、［制御不可］のチェックボックスをクリックする。［選好度関数］には、選好度分布を三角形状で入力し、［追加］をクリックする。これにより、厚み h は要求性能には影響を与えるが、設定範囲内の偏差をもち、設計者側はその値を制御できない設計変数として設定される。比誘電率 ε_r についても同様に入力する。

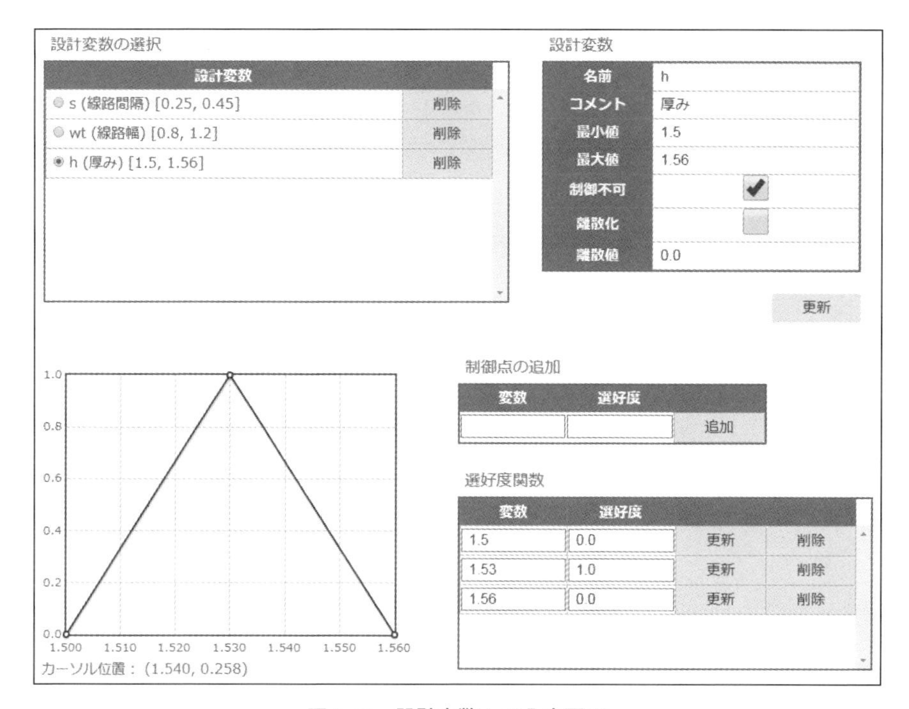

図 8-14　設計変数 h の入力画面

Step 2　要求性能の設定

要求性能の種類は 8.2 節の例題と同様である。同様の手順で、特性インピーダンス、差動透過係数、モード変換係数について入力する（図 8-15）。

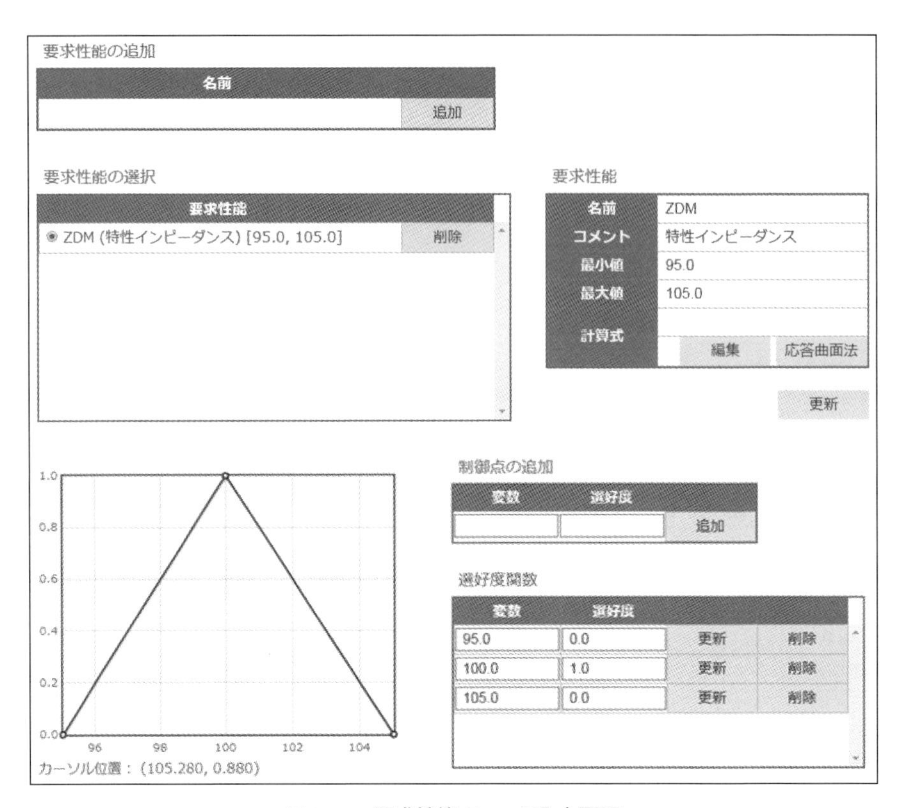

図 8-15　要求性能 Z_{DM} の入力画面

Step 3　要求性能と設計変数の関係の定義

要求性能と設計変数の関係式は、応答曲面法の直交表で求める。図 8-15 の［計算式］から［応答曲面法］をクリックして、直交表の入力画面（図 8-16）に移動する。［直交表］を選び、［ファイルを選択］でテキストファイル（図 8-17）を選び選択し、［読み込み］をクリックする。その結果、図 8-16 の直交表にテキストファイルの数値が入力される。また、図 8-18 の［使用係数設定］で、応答曲面式を構成する多項式の係数を決める。さらに、同図の［変数セット］で、PSD ソルバーで用意している設計変数名 A, B, C, D と実際の設計変数の対応も決める。

これらの準備のうえで［計算］をクリックすると、図 8-19 のように結果が

図 8-16　L_9 直交表の入力画面

表示される。相関係数は 1.0 となっていることがわかる。この結果を用いる場合は、[確定] をクリックして [要求性能の設定] の画面（図 8-15）に戻る。[特性インピーダンス ZDM] を選択すると、[要求性能] の [計算式] に先ほど求めた応答曲面式が格納されていることがわかる。

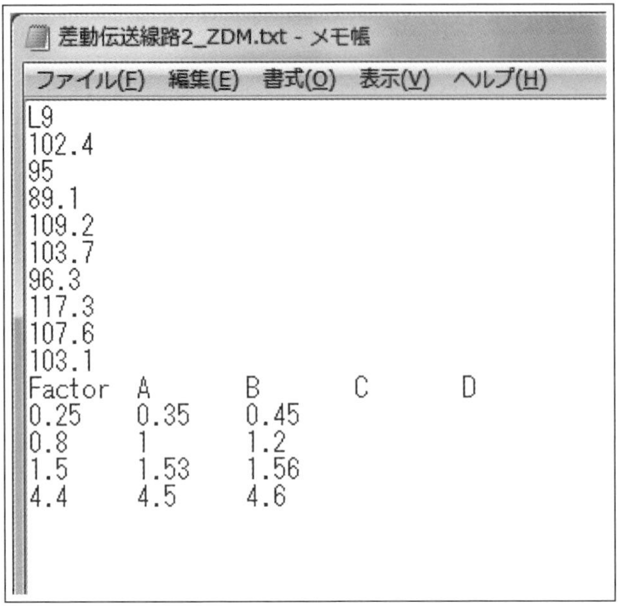

差動伝送線路2_ZDM.txt - メモ帳
ファイル(F) 編集(E) 書式(O) 表示(V) ヘルプ(H)
L9
102.4
95
89.1
109.2
103.7
96.3
117.3
107.6
103.1
Factor A B C D
0.25 0.35 0.45
0.8 1 1.2
1.5 1.53 1.56
4.4 4.5 4.6

図 8-17　応答曲面式に用いる要求性能 Z_{DM} のテキストファイル

使用係数設定
1次項
全てON
全てOFF
A B C D
2次項
全てON
全てOFF
A B C D
相関項
全てON
全てOFF
AB AC AD BC BD CD
変数セット
変数記号
変数名
A
s
B
wt
C
h
D
er
※ドラッグで入れ替えが可能

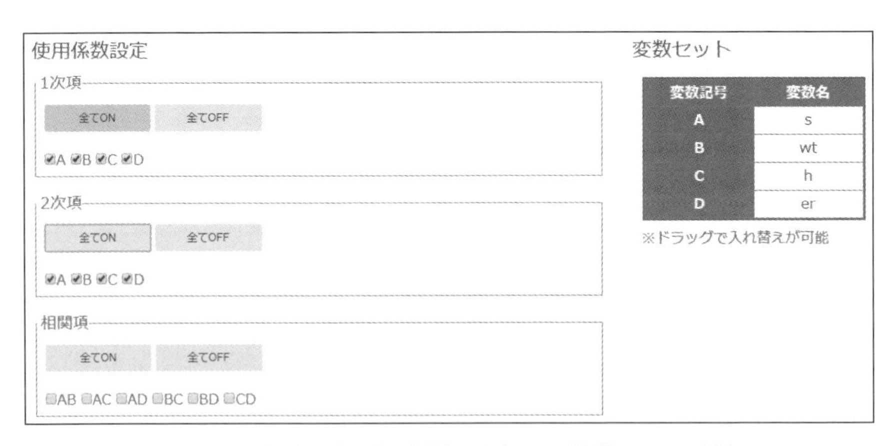

図 8-18　応答曲面式の使用係数の設定および変数セットの対応

応答曲面法

要求性能 "ZDM"

関係式

RS:188.06250018037412-64.99999999965873*s^2+114.66666666643148*s+19.999999999910386*wt^2-73.66666666647977*wt+333.3333330753727*h^2-998.8888880988486*h-34.999999961192614*er^2+309.4999996508253*er

相関係数： 1.0

確定　データ再入力

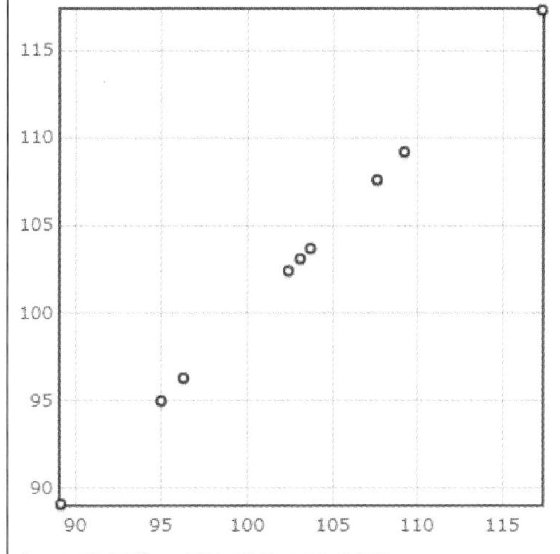

実測値	予測値
102.4	102.40000000002
95.0	94.99999999989
89.1	89.10000000082
109.2	109.20000000028
103.7	103.70000000006
96.3	96.29999999964
117.3	117.29999999968
107.6	107.60000000004
103.1	103.10000000027

カーソル位置： (99.225, 122.286)

図 8-19　要求性能 Z_{DM} の関係式と相関関係

Step 4　実現可能領域の計算

Step 5　設計変数の絞り込み

設計変数と要求性能に関するすべての設定が終わったので、図 8-15 の画面下の［メインメニュー］をクリックして［計算実行］を行う（図 8-20）。

図 8-20　計算実行画面

Step 6　結果の表示

サーバーが混んでいなければ、［計算中です］のメッセージが表示される。

［結果］をクリックすると、図 8-21 のような計算結果が表示される。上の図は要求性能（特性インピーダンス Z_{DM}）の結果である。左側のグラフは範囲と選好度分布を示している。右側の表はグラフを数値として表示した結果で

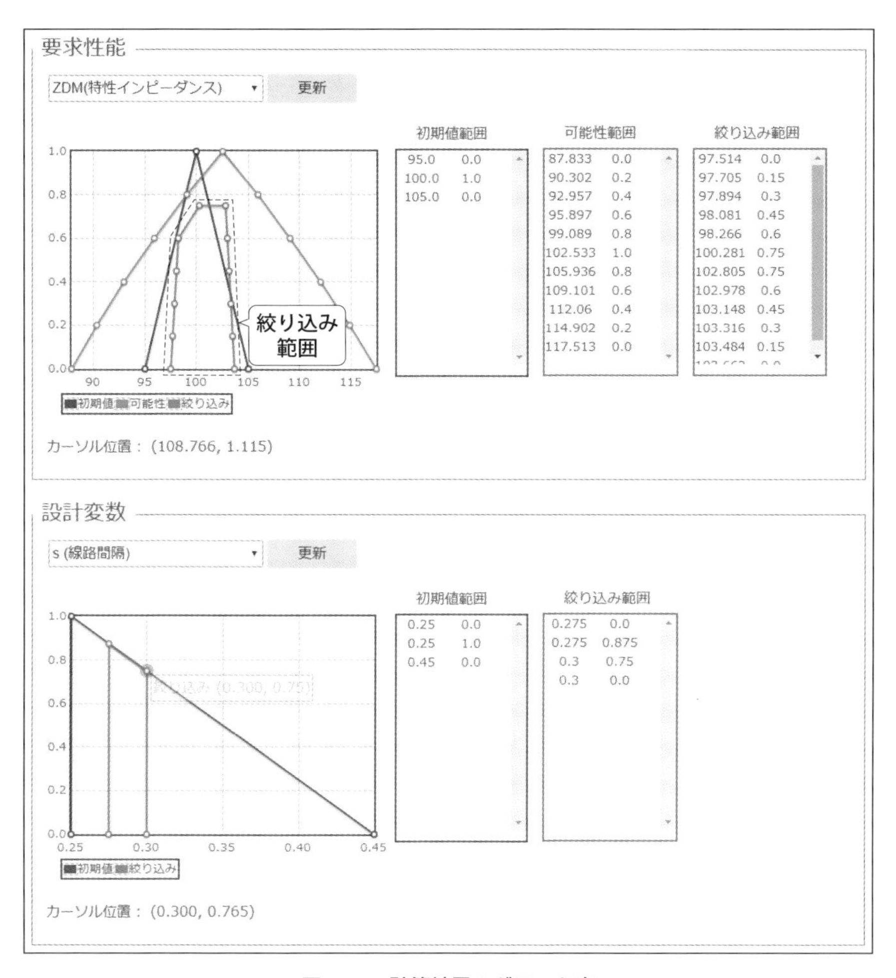

図 8-21　計算結果のグラフと表

ある。

差動透過係数$|S_{dd21}|$とモード変換係数$|S_{cd21}|$の結果は、要求性能の枠中のプルダウンから選択し、[更新] をクリックすれば表示される。

設計変数（線路間隔 s）の結果は、図 8-21 の下の図のようになる。ほかの設計変数の結果も、設計変数の枠中のプルダウンから選択し、[更新] をクリックすれば表示される。

適用結果の検証

8.2節の例題と同様に、得られた範囲解について、2通りの方法でその妥当性を検証する。近似式で容易に計算できる$|Z_{DM}|$については、範囲解内で設計変数を一様乱数で変化させた10万通りの組み合わせを解析した。

結果を図8-22に示す。ヒストグラムは10万通りの組み合わせの解析結果を示し、グレーの部分は要求性能の許容範囲外を示す。この結果から、適切な設計変数の範囲解であることが確認できる。

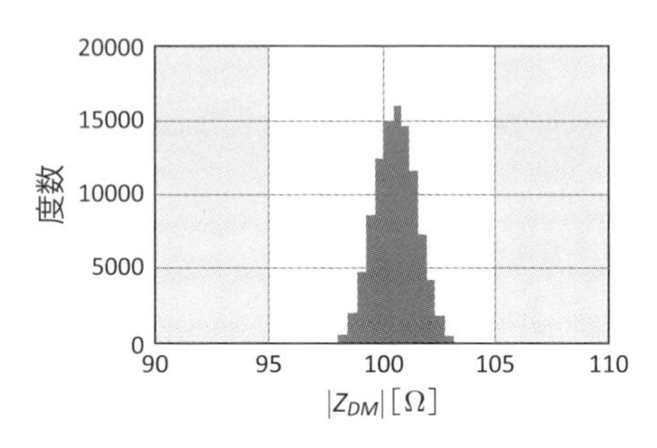

図 8-22 $|Z_{DM}|$に関する設計変数の範囲解の検証

Mixed-mode Sパラメータに関する二つの要求性能については、設計変数の範囲解の最小値、最大値、その中間値の組み合わせについて、FDTD法による電磁界解析で0.1～2 GHzの周波数特性を求めた。

結果を図8-23に示す。図中の線はすべての組み合わせに対する最小値、最大値の範囲を示し、グレーの部分は要求性能の許容範囲外を示す。この結果から、適切な設計変数の範囲解であることが確認できる。

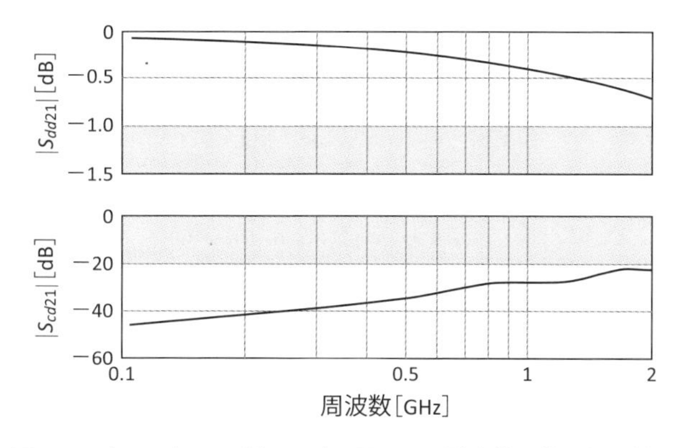

図 8-23 $|S_{dd21}|$および$|S_{cd21}|$に関する設計変数の範囲解の検証

8-4 適用分野

この章では、屈曲差動伝送線路を例題に、PSD ソルバーの電気系への適用を紹介した。これまでに PSD の電気系への応用として、フィルタ[5, 6]、電磁雑音対策用の EMI フィルタ[7, 8]、電波吸収体[9]、高周波用の差動伝送線路[10, 11]、特異な電磁特性である負の群遅延線路の設計[12] などでその有用性が示されている。

たとえば、伝送線路型フィルタの設計においては、「プロトタイプ低域通過フィルタを考えて、要求する通過域および阻止域の減衰特性を伝達関数で近似し、その関数を満足するように回路素子を一つの解で決定する」という設計方法が主流である。しかし、実際に伝送線路構造で実装する段階で、特性インピーダンスの不連続、線路端でのフリンジ電界、機器の小型化のための線路間の不要結合があるため、電磁界解析の繰り返しや、実験による試行錯誤的なチューニングが必要となる。これに対して PSD では、電磁界解析結果にもとづいた少ない初期データだけで、合成的な設計を行うことができる。

また、EMI フィルタのように、二つの異なるモードの要求性能それぞれについて、共通する回路素子で同時に特性を満足させるのは一般的には容易ではない。しかし、PSD を用いることにより、試行錯誤を行うことなく、複数の要求性能を満足する設計変数の範囲解を得ることができる。

■ 参考文献

[1] J. H. Evans, Basic Design Concepts, Naval Engineers journal, Vol. 71, No. 4, pp. 671-678, 1959.

[2] W. W. Finch and A. C. Ward, A set-based system for eliminating infeasible design in engineering problems dominated by uncertainty, Proc. of the ASME Design Engineering Technical Conference, DETC97/DTM-3886, 1997.

[3] A. Ward, J. K. Liker, J. J. Cristiano and D. K. Sobek II, The second Toyota paradox : How delaying decision can make better cars faster, Sloan management review, Vol. 36, No. 3, pp. 43-62, 1995.

[4] 大津信一，向井誠，EMC 電磁波解析ソフトウェア ACCUFIELD によるイミュニティ解析，電子情報通信学会誌，Vol. 83, No. 11, pp. 856-859, 2000.

[5] 川上雅士，上芳夫，石川晴雄，肖鳳超，選好度付きセットベースデザイン（PSD）手法のフィルタ設計への適用の検討，電気学会論文誌 A, vol. 136, No. 10, pp. 621-628, 2016.

[6] 萱野良樹，上芳夫，石川晴雄，肖鳳超，井上浩，選好度付きセットベースデザイン手法を用いた伝送線路型フィルタの設計法，電子情報通信学会論文誌 B, Vol.J102-B, No.3, pp.237-247, 2019.

[7] 川上雅士，長尾和哉，石川晴雄，上芳夫，肖鳳超，電気設計における PSD 手法適用の検討その 1，2015 年信学総大，B-4-55, p. 345, 2015.

[8] 萱野良樹，川上雅士，上芳夫，石川晴雄，肖鳳超，井上浩，選好度付きセットベースデザイン手法を用いた EMI フィルタの多目的設計，電子情報通信学会論文誌 C，Vol. J102-C, No. 5, pp. 166-169, 2019.

[9] 上芳夫，萱野良樹，石川晴雄，肖鳳超，選好度付きセットベース設計手法について，信学技報，vol. 117, No. 317, EMCJ2017-59, pp. 1-6, 2017.

[10] Y. Kayano, Y. Kami, H. Ishikawa, F. Xiao and H. Inoue, A study on design of differential-paired lines with meander delay line by preference set-based design method, Proc. IEEE APEMC 2018, pp. 536-541, 2018.

[11] 萱野良樹，上芳夫，石川晴雄，肖鳳超，井上浩，選好度付セットベースデザイン手法の屈曲差動伝送線路設計への適用，信学技報，Vol. 116, No. 515, EMCJ2016-122, pp. 11-15, 2017.

[12] Y. Kayano, Y. Kami, H. Ishikawa, F. Xiao and H. Inoue, Design of transmission line with impedance resonator for negative group delayand slope characteristics by preference set-based design method, Proc. ICEP-IAAC, pp. 170-175, 2018.

[13] E. Hammerstad and O. Jensen, Accurate models for microstrip computer-aided design, Proc. IEEE MTT-S International Microwave symposium Digest, pp. 407-409, 1980.

[14] M. Kirschning and R. H. Jansen, Accurate wide-range design equations for the frequency-dependent characteristic of parallel coupled microstrip lines, IEEE Transactions on Microwave Theory and Techniques, Vol. 32, No.1, pp. 83-90, 1984.

COLUMN 近年の製品開発の動向⑧：コンカレントエンジニアリングにおけるセットベース設計手法

コラム⑥で説明したコンカレントエンジニアリングに、集合（セット）の考え方を融合させる手法もある。具体的には、各設計プロセスのマネージャーが複数の設計解候補（代替案）を出し、設計の意思決定のタイミングで絞り込む。複数の代替案を用意するので、セットベース設計手法とよばれている。各設計プロセスの後戻りをなくすことができるというメリットもあるが、さまざまな観点での設計案が出揃うまで意思決定を遅らせるというデメリットもある。

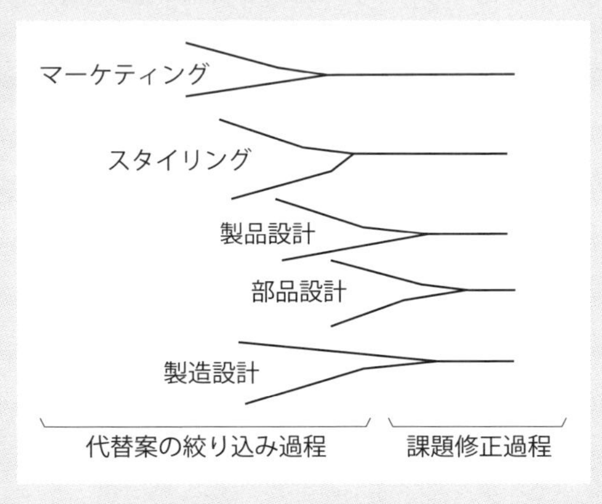

コンカレントエンジニアリングにおけるセットベース設計手法

付　録

■ 応答曲面法

応答曲面法とは、量的な影響因子 $x_1, x_2, ..., x_n$ に対する応答（目的変数）y の関係式を、可能な限り少ないデータから求める方法である。これらの関係は、一般に

$$y = f(x_1, x_2, ..., x_n) + \varepsilon$$

と書ける。ここで ε は誤差である。関数 f はどのような関数でもよいが、実用性を考慮した近似式で表すことが多い。具体的には、最小2乗法を利用した線形多項式や2次多項式などがある。

実際に近似式を求める場合には、いくつかのデータに対して分散分析や回帰分析を行うことで、影響因子の数とその水準（範囲および範囲内でデータをとる箇所）を絞り込む。

■ 直交表

応答に対する影響因子が複数あって、各因子が応答にどれくらい影響しているかを見る実験計画を立てることを考える。その際、因子の水準数の積の回数だけ実験数が必要になり、因子数が多くなると実験回数は膨大な数になってしまう。直交表とは、任意の2因子（列）について、その水準のすべての組み合わせが同数回ずつ現れるという性質をもつ実験のための割り付け表のことをいう。直交表を用いることによって、多くの因子に関する実験を比較的少ない回数で行うことができる。

著 者 略 歴

石川晴雄（いしかわ・はるお）
1977 年　東京大学大学院工学研究科博士後期課程修了
　　　　電気通信大学特任教授・名誉教授

萱野良樹（かやの・よしき）
2006 年　秋田大学工学資源学研究科博士後期課程修了
　　　　電気通信大学准教授

佐々木直子（ささき・なおこ）
1997 年　東京女子大学文理学部卒業
　　　　電気通信大学特任助教

福永泰大（ふくなが・やすひろ）
1998 年　北海道大学理学部卒業
　　　　株式会社フォトロンソフトウェア開発部システムソリューション
　　　　開発グループグループ長

編集担当　福島崇史（森北出版）
編集責任　富井　晃（森北出版）
組　　版　コーヤマ
印　　刷　ワコープラネット
製　　本　協栄製本

セットベース設計 実践ガイド　© 石川・萱野・佐々木・福永 *2019*

2019 年 12 月 16 日　第 1 版第 1 刷発行　【本書の無断転載を禁ず】

著　　者　石川晴雄・萱野良樹・佐々木直子・福永泰大
発 行 者　森北博巳
発 行 所　**森北出版株式会社**
　東京都千代田区富士見 1-4-11（〒 102-0071）
　電話 03-3265-8341／FAX 03-3264-8709
　https://www.morikita.co.jp/
　日本書籍出版協会・自然科学書協会　会員
　JCOPY　<（一社）出版者著作権管理機構 委託出版物>

落丁・乱丁本はお取替えいたします.

Printed in Japan／ISBN978-4-627-67601-5

MEMO

MEMO

MEMO

MEMO

MEMO